身 心 灵 魔 力

品 / 格 / 丛

U0668344

憧憬力

病树前头万木春

孟祥广 ◎ 著

中国出版集团　现代出版社

图书在版编目(CIP)数据

憧憬力:病树前头万木春 / 孟祥广著. —北京:现代出版社,2014.2
(身心灵魔力书系)
ISBN 978 - 7 - 5143 - 1980 - 4

Ⅰ. ①憧… Ⅱ. ①孟… Ⅲ. ①散文集 - 中国 - 当代
Ⅳ. ①I267

中国版本图书馆 CIP 数据核字(2014)第 022272 号

作　　者	孟祥广
责任编辑	王敬一
出版发行	现代出版社
通讯地址	北京市安定门外安华里 504 号
邮政编码	100011
电　　话	010 - 64267325 64245264(传真)
网　　址	www.1980xd.com
电子邮箱	xiandai@ cnpitc. com. cn
印　　刷	北京兴星伟业印刷有限公司
开　　本	700mm×1000mm　1/16
印　　张	13
版　　次	2019 年 4 月第 2 版　2019 年 4 月第 1 次印刷
书　　号	ISBN 978 - 7 - 5143 - 1980 - 4
定　　价	39.80 元

P前 言
REFACE

为什么当今时代的青少年拥有幸福的生活却依然感到不幸福、不快乐？怎样才能彻底摆脱日复一日的身心疲惫？怎样才能活得更真实、更快乐？

许多人一踏上社会就希望一鸣惊人，名利双收地拥有一切。这样急功近利，不注重人生的积累，是难于起飞的；相反，能不辞辛苦地为自己拓展好助跑的跑道，从而争取优势不断发挥，才能逐渐使事业有所发展。那么给生命一个助跑的过程吧，这样，我们的人生就可以飞得更高。

一个人的成长、成熟、成功，其实是一个不断进行积累的循序渐进的过程，人的身上要拥有无穷大的潜力，主要靠平时的积累。助跑的过程其实就是让自己的潜力得到极致发挥的一种措施，就是为了让自己跑得更快、跳得更高、跳得更远。可以说，助跑的过程是一个漫长的过程，但没有这个过程是不可能最终获得成功的！我们每天都在积累，我们每天都在助跑，因为我们的心中有一个目标！

越是在喧嚣和困惑的环境中无所适从，我们越觉得快乐和宁静是何等的难能可贵！其实"心安处即自由乡"，善于调节内心是一种拯救自我的能力。当人们能够对自我有清醒认识，对他人能宽容友善，对生活无限热爱的时候，一个拥有强大的心灵力量的你将会更加自信而乐观地面对现实、面向未来。

憧憬力——病树前头万木春

　　本丛书将唤起青少年心底的觉察和智慧,给那些浮躁的心清凉解毒,进而帮助青少年创造身心健康的生活,来解除心理问题这一越来越成为影响青少年健康和正常学习、生活、社交的主要障碍。本丛书从心理问题的普遍性着手,分别描述了性格、情绪、压力、意志、人际交往、异常行为等方面容易出现的一些心理问题,并提出了具体实用的应对策略,以帮助青少年读者驱散心灵的阴霾,科学调适身心,实现心理自助。

C目　录
ONTENTS

第六章　有憧憬力的人生

第七章　减压，注入憧憬力

第一章 因为憧憬所以幸福

　　叔本华说:"一个悲观的人,把所有的快乐都看成不快乐,好比美酒到充满胆汁的口中会变苦一样。"是的,如果你的心中装满了不快乐的想法,则上品的醴也不会让你的心变得甜蜜。生活总是一样的,不一样的只是你的心态。在任何一天、任何一个时候,你的心里都将充满对未来的憧憬,这取决于你的思想,而不是外界因素。青春是生命中的一段时光,更是心灵上的一种状况。它跟丰润的面颊、殷红的嘴唇、柔滑的肌肤有关。更是一种沉静的意志、想象的能力、思想上的愿望,更是生命之泉的新鲜血液。

拥有积极的思想才有美好未来

相似的想法会有相似的行为,有积极的思想的人生才有憧憬力。想象一下如果一家有两千名员工的公司,大多数员工的思考都是负面的,那么这家公司就没有机会成功。一家公司确实会因为正面或负面的思想而导致成功或失败,具体到一个人,道理也一样。

有什么样的思想就有什么样的境遇

积极思想吸引正面能量而导致成功,消极思想吸引负面能量而导致失败。请认真问自己:"我从早到晚在用什么方式思考,又都产生了哪一种能量?"

美国超人气激励大师卡米洛·克鲁兹形象地指出,思想是种子,我们生活中所发生的一切均由这些种子生长而来。我们有播种思想的义务。我们选择为自己的大脑灌输什么样的思想,就会为自己创造什么样的境遇。成功或是失败皆为不同的思想所致。

如同每种植物必须经历播种和发芽的过程,没有种子就不可能发芽一样,我们的行为也来源于思想这颗隐形的种子。没有思想的种子就不可能有行为的存在。行为是思想之花,花儿孕育着果实,不论这果实是成功的硕果还是失败的苦果。

美国有家商学院布鲁金斯学会,它为学生设立了一个天才销售奖,要想获得这个奖项,必须把一把旧式的砍木头的斧子销售给现任的美国总统。

2001 年 5 月 20 日，美国一位名叫乔治·赫伯特的推销员，把一把斧子成功地推销给了布什总统，获得了布鲁金斯学会的"金靴子"奖。

这是一件很难的事，布什总统没有这样的爱好。但在布什总统刚刚上任的时候，乔治·赫伯特经过精心策划，向他发出了一封信，信中这样写道：

"尊敬的布什总统，祝贺你成为美国的新一任总统。我非常热爱你，也很热爱你的家乡。我曾经到过你的家乡，参观过你的庄园，那里美丽的风景给我留下了难忘的印象。但是我发现庄园里的一些树上有很多粗大的枯树枝，我建议您把这些枯树枝砍掉，不要让它们影响庄园里美丽的风景。现在市场上所卖的那些斧子都是轻便型的，不太适合您，正好我有一把祖传的比较大的斧子，非常适合您使用，而我只收您 15 美元，希望它能够帮助您。"

布什看到这封信以后，立刻让秘书给这位学生寄去 15 美元。于是一次几乎不可能的销售实现了，一个空置了许多年的天才销售奖项终于有了得主。

"这个人不会因为某一目标不能实现而放弃，不因某件事难办而失去自信！"为此，布鲁金斯学会开了一个表彰大会。会上主持人意味深长地看着参加会议的所有来宾，然后指了指身边其貌不扬、有些腼腆的乔治说："你们好好地瞧瞧他吧，有没有发现乔治有什么特别之处？难道他比你们聪明 100 倍吗？不，至少根据我的观察，他完全不是。我可以实话告诉你们，有关测验显示他比你们要平庸。"

接着又说："那么，是乔治工作努力的程度比你们多 100 倍吗？事实上，他所花费的工夫比你们大多数人要少得多。"

这个时候，全场鸦雀无声。

"是乔治和布什家族有什么渊源吗？是因为乔治教育背景显赫吗？"

全场一片寂然，等待着一个石破天惊的答案。

"其实他与你们一样平凡！那么乔治的销售魔力是什么呢？我的结论是，乔治与你们的不同之处就在于乔治的思想比你们的思想大 100 倍！"

主持人似乎有点得理不饶人，他继续对大家说："在决定一个人成功的因素中,体力、智力、精力、人脉、接受教育的程度都在其次,最重要的是一个人思想能力的大小!有史以来,所有成功的案例都反复证明了一个道理,一个人在银行有多少存款、在社会上有多少名望,以及对物质和精神满足程度的深浅,主要依赖于一个人思想能力的大小。一句话,高瞻远瞩的思想是神奇无比、无坚不摧的。"

詹姆斯·亚伦曾指出,人们应该对自己向大脑中所灌输的思想全权负责。的确是这样。通过选择并刻意培养高瞻远瞩的思想,我们可以成为主宰自己命运的设计师。

转换思想,给自己的生命添彩

众所周知,电视公司的发射台,是通过放送某个频率,然后转成家中电视的图像。尽管很多人都不清楚这一过程是如何运作的,但相信绝大多数人都知道每个频道都有特定的频率,当转到那个频率的时候,我们就会看到电视的画面。我们通过选择频道来选择频率,然后看到该频道的图像。如果想看别的电视图像,我们就得转换频道,调到新的频率上。

其实,每位健康人士都是一个人体发射台,而且比世界上任何电视发射台都更强有力,甚至堪称是宇宙中力量最强大的发射台。你传送出的频率抵达的地方,是超越地区、国家和地球的。它会在整个宇宙中回荡,而你就是用你的思想来传送那个频率!只是,通过你的思想传送出去的图像,不是客厅电视机里的影像,而是你的生命图像!

你的思想产生了频率,于是它们吸引该频率上同类的事物,然后传送回到你身上,转化成你的生命图像。因此,如果你想切换生命中的图景,就赶紧通过转换你的思想来改变频道和频率吧。这是调整命运的不二法门。

你有没有看过美国的西部片?请你留意牛仔是怎样拴住他的坐骑的。你看,牛仔骑着一匹强壮的白马沿街而来,走到一家酒吧门前时停住了。

他从马背上一跃而下，把缰绳系在栏杆上，然后钻进门去。

现在让我们停下来想一想。当这匹强悍、有力、体重达几百磅的骏马被一根细细的缰绳系在木栏杆上时，为什么它没有拼命挣脱缰绳逃跑而仍站在原地不动呢？

答案很清楚，这匹马从小就受过训练，它一直被牢牢地拴在柱子旁。它知道自己不可能得到自由，不可能随心所欲，它只能站在被拴住的地方。因此，现在它根本就不会去做逃跑的尝试。

你和这匹马是否有相似之处？你也总是原地不动，只因为你自认生活不会有所改变吗？

如果你点头表示认可的话，那你的处世方式就大错特错了！思想是熟练的织布工，它不仅能够给人们制造性格的内衣，还能够制造环境的外套；不仅能够编织出无知和痛苦，还能够编织出快乐和幸福。这取决于你的思想是积极的还是消极的。换句话说，你选择的思想和激励自己的想法决定着你最终成为什么样的人。

目前负责运动选手的心理指导与训练的江崎史子，她曾是汉城（今"首尔"）奥运会的银牌得主。1988 年在汉城举办的奥运会中，她参加了女子柔道48公斤级的比赛。虽然她打倒了不少实力不相上下的强敌，一路晋升到决赛，但在与中国选手李忠云对战的决赛当中，很遗憾，她只拿到银牌。

江崎与李的实力不相上下，为什么最后失败了呢？她自己分析其中原因，指出："在比赛的途中，有一瞬间失去了战斗力。"

"比赛到一半时，'搞不好会输'的思想瞬间在脑海出现。结果之前'绝对要赢'的思想，就转变成'想要赢'了。"

她的心中浮现了"可能会失败"这句话，这便是预知。一瞬间浮现在脑海的预期完全被命中，如同预期，江崎错过了金牌。与其说如同预期，不如说是消极的思想招致了与自己期望不同的结果。这样说也许比较正确——让之前的斗志发生中断、带来了失败的结果，便是"可能会输"这一消极思想所致。

上述原则并不限于运动。不管是从事工作、考试，还是谈恋爱，都无一例外地适用。

——觉得这个工作好像不会顺利——失败。

——觉得这个目标自己好像完不成——无法达成。

——觉得不可能考上省内的名牌大学——落榜。

——她不可能会对我倾心的——被漠视。

为了更好地理解思想对命运的引导作用，我们再来看一个故事：

祖父用纸给我做过一条长龙。长龙腹腔的空隙仅仅只能容纳几只蝗虫，投放进去，它们都在里面死了，无一幸免！祖父说："蝗虫性子太急躁，除了挣扎，它们没想过用嘴巴去咬破长龙，也不知道一直向前可以从另一端爬出来。因而，尽管它有铁钳般的嘴壳和锯齿一般的大腿，也无济于事。"当祖父把几只同样大小的青虫从龙头放进去，然后关上龙头，奇迹出现了：仅仅几分钟，小青虫们就一一从龙尾爬了出来。

这个故事启示我们，命运一直隐匿在我们的思想里。许多人走不出人生各个不同阶段或大或小的阴影，并非因为他们天生的个人条件比别人要差多远，而是因为他们没有要将阴影纸龙咬破的思想，也没有耐心慢慢地找准方向，一步步地向前，直到眼前出现新的天地。现在，你是不是十分清楚自己该拥有什么样的思想了？

魔力悄悄话

思想是具有磁性的，有着某种频率。当你思考时，那些思想就会发送到宇宙中，它们会像磁铁般，将四面八方相同频率的同类事物吸引过来。你头脑中所有发出的思想，都会回到源头。而那个源头，就是你自己。

转换思想　让自己有憧憬

在现实生活中,不少人头脑中会闪现出一系列的消极思想。这无可厚非。重要的是,我们不能始终沉溺于消极思想中不能自拔,而要善于将消极思想加以转换,从而为自动地积极地应对困难的局面创造条件。

举个例子,如果你提前从人力资源部获悉你要被炒鱿鱼,一个月后公司将通知你办理离职手续,你可能会产生下面一些消极的思想:

"我完蛋了,年龄这么大,再也找不到用我的单位了。"

"糟糕极了,两个月后我拿什么来还银行房贷啊?"

"为什么偏偏解聘我呢?公司最先解聘的应该是小王。"

这些消极的思想可能会使我们在作出决定时有些草率,其结果往往是抓住第一个可能找到的工作不放,放弃了其他的机会或一蹶不振,甚至大病一场。

正如福与祸是可以相互转换的,我们的消极思想也可以转换为积极的思想——只需要找出有关事项潜在的有利因素即可。下面是因为被炒鱿鱼而可能出现的积极思想:

"我终于获得解脱的机会了。我习惯于墨守成规,现在的解脱真是天助我也。"

"我这么有才华,精力还充沛,工作认真负责,肯定能够找到工作,这一点我从不怀疑。找工作需要一个过程,不过我这么优秀,肯定能马上有工作机会。"

"现在我总算能好好地陪陪家人了。如果家人乐意的话,还可以一起去外地旅游一趟。"

如何选择自己对事物的看法决定了世界上事物的各种差别。有位智者说得好:"要注意以下话语所带来的区别,一个是'我已经失败了 5 次',另一个是'我是个失败者'。"后一句将"失败"个人化了。

这种消极的思想可能产生一种自我否定价值观或自我怜悯的情感,而前一句则暗示尽管有的目标我还没有完成,但我还有更多尝试的机会。

我们必须明白:使自我的消极思想变得积极起来可以造成惊人的结果。不管一个人自认为自己是何等的消极和悲观,积极地看待事物的能力是人人与生俱来的。

你在紧急情况下依然能保持沉稳,甚至是宠辱不惊,还是在日常生活中为了一些芝麻大的事情而烦躁不安,关键在于你是否掌握消极思想的转换技巧。以下是化消极思想为积极思想的具体步骤:

如果你的消极思想是默念式的,也就是说,你好像听到脑海中有个声音在嘟囔着某种你想改变的事,比如,"我非常疲劳。"如果这种消极思想是图像式的(脑海中的图像)或是身体知觉式的(内脏不舒服),你也可以用与此相似的方法。在很多情况下,这些念头会以三者(图像、声音和知觉)结合的方式出现。

第一步:把消极思想图像化

把脑海中的小声音转换成相关的图像。比如,假如你想的是"我是个笨蛋",那就想象自己戴着一顶小丑帽,衣着滑稽可笑,像个跳蚤般上蹿下跳。想象你被很多人围观,你一边大叫"我是个笨蛋",围观者一边对你指手画脚,甚至是向你投掷臭鸡蛋。

图景越夸张越好。在大脑中一遍遍演练,直到你每次一有这种消极念头,大脑中就会自动出现这个滑稽的场景。

假如你觉得把消极思想图像化是件困难的事情,也可以用上述办法把它听觉化。把消极思想转换成声音,比如你哼唱的旋律。用声音取代图像,完成上述过程。

第二步:选择一种积极想法取代另一种消极想法

摆在眼前的问题是,你究竟选择用哪种想法来取代那个消极想法。假如你总是在想:"我是个笨蛋",你不妨就用"我是个天才"取而代之。选择一种能消除原有消极想法造成的影响的新想法,这一点至关重要。

第三步:尝试着把你的积极思想图像化

现在,参照第一步的过程,用积极思想建立一个新的思维场景。就"我是个天才"这句话来说,你也许会想象自己鹤立鸡群,像超人那样双手叉腰站着。想象你头顶上方出现了一个巨大的照明灯。灯所发射出来的光芒如此耀眼,你看到自己正在高呼:"我是个天——才——!"然后,一而再、再而三地重复该场景,直到想到此话时脑海中便能自动浮现。

第四步:把两幅截然相反的图像联系起来

现在,在脑海中把第一步和第三步设置的场景联系起来。然后,你需要想办法把第一个场景发展到第二个场景。注意,是"发展",而不是"简单地切换"。因为"简单地切换"效果并不尽如人意,也很难持久。有效的办法是,设想自己是个电影导演,现在已经有了开头和结局,因此必须设计出过程。

鉴于你的电影极其短暂,因此,你要想方设法让剧情迅猛发展。比如,第一个场景中的围观者之一可能会朝那个"笨笨"的你扔一个亮着的手电筒。

"笨笨"的你抓住了它，把它扔在那个人的头顶上，他疼得缩了回去。灯泡马上变得巨大，并发出耀眼的光芒，围观者纷纷闭上双眼。这时，你扯下身上的滑稽服装，露出里面华丽的衣服。你像超人般昂首阔步到高处，高呼："我是个天——才——！"围观者纷纷俯首称臣。

还是那句话，场景越夸张越好。夸张能让你更容易地记住，因为我们的大脑天生就喜欢记忆非同寻常的事物。一旦你把全部场景都想好了，就快速地重复它们，直到你可以在两秒之内把它从头到尾想完，一秒之内能完成自然再好不过。

第五步：测试一下你的思维转换是否有效

需要提醒的是，如果你未曾练习过图像化，那完成整个过程可能需要几分钟或更长的时间。有道是，熟能生巧。

一旦习惯了，全过程只需几秒即可完成。千万不要因为最初速度太慢而垂头丧气。毕竟，无论是哪种技巧，在第一次使用时笨手笨脚是在所难免的。消极念头是你的头脑自动运行整个模式的源头。所以，无论何时，只要你瞬间想到"我是个笨蛋"，在你反应过来之前，这个念头就会变成"我是个天才"。

魔力悄悄话

一旦头脑中闪现消极念头，你就应该能迅速想起积极的念头。如果你内心充满憧憬，那积极的念头你想抑制都抑制不了。

把快要死去的梦想急救过来

每个人的小时候都是充满梦想的,但是随着一天天地长大,随着对现实了解的加深,人们的梦想渐渐地枯死,即使还活着,也已经被荒草覆盖。人们不是把梦想留在了那些青葱岁月,就是已经很久不曾打理梦想的园地。

有一对兄弟,他们的家住在80层楼上。有一天他们外出旅行回家,发现大楼停电了!虽然他们背着大包的行李,但看来没有别的选择,于是哥哥对弟弟说:"我们爬楼梯上去吧!"他们两个背着两大包行李开始爬楼梯。爬到20楼的时候他们开始累了,哥哥说:"包太重了,不如这样吧,我们把包放在这里,等来电后坐电梯来拿。"他们把行李放在了20楼,轻松多了,继续向上爬。他们有说有笑地往上爬,但好景不长,到了40楼,两人实在太累了。想到只爬了一半,两人开始互相埋怨,指责对方不注意大楼的停电公告,才会落得如此下场。他们边吵边爬,这样一路爬到了60楼。到了60楼,他们累得连吵架的力气都没有了。弟弟对哥哥说:"我们不要吵了,爬完它吧。"于是他们默默地继续爬楼,终于80楼到了!兴奋地来到家门口的兄弟俩这才发现,家门钥匙留在了20楼的包里……

有人说,这个故事其实反映了我们的人生:20岁之前,我们活在家人、老师的期望之中,背负着很多的压力、包袱,自己也不够成熟、能力不足,因此步履难免不稳。

20岁之后,离开了众人的压力,卸下了包袱,开始全力以赴地追求自己的梦想,就这样愉快地过了20年。

可是到了 40 岁，发现青春已逝，不免产生许多的遗憾和追悔，于是开始遗憾这个、惋惜那个、抱怨这个、嫉恨那个……就这样在抱怨中度过了20 年。

到了 60 岁，发现人生已所剩不多，于是告诉自己不要再抱怨，珍惜剩下的日子吧！就这样默默地走完了自己的余年。到了生命的尽头，才想起自己好像有什么事情没有完成……

原来，我们所有的梦想都留在了 20 岁的青春岁月，还没有来得及完成……

很多人不是把梦想遗忘了，就是在不断追逐梦想的过程中被现实一点点压迫，最后使梦想窒息而死，以至于最后把自己的需要和欲望当成是梦想。于是，他们不断地追求着，不断地痛苦着。

我们的耳边常听到这样的梦想："我的梦想是存够 100 万""我的梦想是买个大房子""我的梦想是明年能够当上经理""我的梦想是儿子能够考上大学""我的梦想是能够嫁个有钱的老公"……可是看看我们的所谓梦想，有多少是真的梦想，有多少又是我们的需要和欲望呢？

有的人说，现在的社会太现实了，现在的人也都太现实了，你不现实就会上当受骗，就会被人瞧不起。这样的人往往是被现实出卖了的，因为他们本身就是现实的人，他们总试图用现实来代替梦想，或者将现实混同于梦想，结果屡屡受挫，不能如愿的结果就是抱着嘲弄的心态讥讽梦想。这样的人其实是嫉妒梦想的。

心愿可以现实，但是梦想绝不能现实。因为梦想一旦现实了，欲望就变成了人生的主宰，这样的人生就会充斥着不满足和得不到的悲哀。事实上，梦想就是照亮我们走出黑暗的路灯，就是指引我们靠岸的灯塔，就是人生的罗盘。与其说梦想是前进的动力，不如说梦想是一种指引。有梦想的指引，人生的航船就不会偏离了方向。

一个人的事业往往开始于一个梦想。

一位剧作家的梦想是：我想让别人笑，因此我想写喜剧。他知道这个梦想的代价，那就是要研究，要学习，要实践、实践、再实践；最奥妙，也是最快的方法就是付出自己的全部代价——实实在在地做。

于是，他开始研究喜剧专业。他从美国著名喜剧明星鲍伯·霍普的舞台表演入手，将他的电视独白录制下来，然后打印出来。认真分析其中笑话的形式、措辞、节奏和笑料的安排等。每过一段时间再拿出来看。

几星期后，他从报纸上挑选新的话题，努力用他从霍普的独白里学到的技巧写一些新笑话。

坚持多年后，他为此千辛万苦地生活和努力，终于收到了实在的效果。他开始为一些地方喜剧演员写脚本，然后为国家喜剧演员写，后来又为电视杂耍演员写。最后，这个方法产生了更好的结果——鲍伯·霍普亲自打电话给他了。

"我听说了你写的作品，想知道你是否愿意为我、为奥斯卡金像奖写一些笑料。你知道，我是今年的颁奖大会主持人，我想看看你有没有一些适合我表演的笑话。"

他拿起一个便笺簿和一支钢笔，写了几百个关于当前电影、名人以及其他任何可能运用于奥斯卡的笑料。在写作的过程中，他自然而然地用上了他在那些年中通过研究鲍伯·霍普的喜剧风格学来的种种小技巧。

第二天，鲍伯·霍普又打电话给他，说："我喜欢你的素材。它看起来就像你这一生一直在专门为我写剧本一样。"

"我是在专门为你写剧本，霍普先生，"他说，"只是你不知道而已。"

从那以后，他成了著名而富有的喜剧作家，一直在为鲍伯·霍谱写剧本。

成功的人是因为坚持了自己的梦想，在梦想的指引下，他们始终向着一个方向努力，同样经历过坎坷、挫折、失败，但是每一次都是为实现梦想的积累，最后终于实现了成功，他们的付出也得到了最好的回报。而很多人的梦想被现实弄得支离破碎，他们不想再将它黏合在一起，于是，梦想渐渐被遗忘。

当然，梦想未必都能实现，很多人穷其一生都不曾实现自己的梦想。原因就是，他们太容易被现实所诱惑。这就是很多人一面贪婪地享受和索取现实,一面又诅咒现实的原因。

尽管梦想未必都能实现,但是有梦想的人毫无疑问会更有作为,因为梦想会给他们时时指引方向。而那些没有梦想的人,总是东一榔头西一棒子,看似下了不少功夫,但每次都是挖几铁锹就换个地方,所以总也挖不出水来。

有句苏格兰谚语说:"扯住金制长袍的人,或许可以得到一只金袖子。"赶紧把自己快要死去的梦想急救过来吧,它会为你的努力指明方向,让你的努力更具价值。

魔力悄悄话

那些志存高远的人,所取得的成就必定远远离开起点。即使他的目标没有完全实现,他为之付出的努力本身也会让他受益终生。

热情的心态让你有憧憬的力量

在心理学上,充满热情可以说是一种非常健康的心态,容易培养一种积极的正面情绪。在这种心态下,人们往往充满乐观和朝气,做起事来也更有劲头。美国心理学家、作家杜利奥说:没有什么比失去热情更使人觉得垂垂老矣。如果精神状态不佳,一切都将处于不佳状态。这就是杜利奥定律。

戴尔·卡耐基说:"热情是你人格的原动力,如果你没有热情,即使能力再好,你的能力也难以发挥出来。每个人都有超越一般能力的潜在能力。你虽然有知识、有坚实的判断力,也有优秀的理论思考力,但是在你未能让自己的思想和行动确实发挥功能之前,你将无法感受到自己有某些奇妙的能力。"

斯蒂芙是一位杂志推销员。她凭借自己的热情在拿破仑·希尔的办公室里卖出了6份杂志!在书中,希尔回忆了这件事——

"在斯蒂芙之前已经有一个推销员来推销过《金融周刊》这本杂志了。他神情沮丧,且在言语之中表露出他急需从我的订费中来赚取佣金。可他并没有说出任何能打动我的理由,所以我没有订阅。

"大约一周后,斯蒂芙来到我的办公室中,她向我推销了好几种杂志,其中有一种就是《金融周刊》。她看看我的书桌,发现桌子上摆了几本杂志,就由衷地赞叹:'哦!我看得出来,您非常喜爱阅读书籍与各种杂志。'

"就这么短短的一句话,再加上一个愉快的笑容和真正热情的语气,她已成功地中断了我的工作,让我准备好想要听听她说些什么。因为当她走进书房的时候,那时我已决定绝不放下手中的文稿,来礼貌地暗示她:我非常忙,不希望被打扰。现在,我十分骄傲地接受了她的评价,放下手中的文稿,想听听她会说些什么。

"斯蒂芙的怀里抱了一大卷杂志,我原以为她会将杂志展开,催促我订阅它们,可她并未这样做。她看见我的桌子上有一本爱默生的论文集,就开始津津有味地与我谈论起爱默生那篇文章《论报酬》,竟让我得到了一些新观念。

"之后,她问我:'您定期收到的杂志有哪几种?'我对她说明以后,她脸上露出了微笑,展开了她的那卷杂志,将它们摊放在我面前的书桌上,并逐一进行分析,还说明了我为什么要每种杂志都要订阅一份的原因:《周六晚邮》可以让人欣赏到最干净的小说;《文学书摘》以摘要的方式将新闻介绍给我;《金融周刊》可以让我了解到工商界领袖人物的最新生活动态等。

"不过,我并未如她想象得那样反应热烈。因此,她又给了我一个温和的暗示:'像您这种地位的人物必须消息灵通,知识渊博。'

"是的,她的话的确是真理,既是一种恭维,又是一种温和的谴责。这让我多少感到有些惭愧,因为她已调查过我所阅读的材料,在我的书桌上并没有那6种她推销的畅销杂志。

"于是,我非常自然地问道:'订阅这6种杂志一共要多少钱?'

"'多少钱呀,全部加起来还不够你手里那张稿纸的稿费呢。'

"最后,斯蒂芙离开的时候,带走了我订阅这6种杂志的订单。可这还并非是她热情推销而得到的全部收获。她又征得我的同意,到别的办公室里去进行推销。结果,她在离开以前,又招揽了我的5位员工订阅她的杂志。"

正是斯蒂芙的热情感染了拿破仑·希尔,她成功地将杂志推销给了希尔。不可否认,在这其中,热情的心态起了巨大的作用。

美国哲学家爱默生说过:"没有热情,任何伟大的业绩都不可能成功。"

但是,一个人拥有一时的热情很容易,想要拥有持久的热情却很难。因此,要想让热情帮助我们成功,就需要我们把这种热情一直坚持下去,而不能做任何事都只保持3分钟的热度。

憧憬力——病树前头万木春

因为心中充满热情，能够给我们的生活带来巨大的改变。

一位出租车司机总是这样和坐自己车的乘客打招呼："我是一个无所不聊的人。如果您想聊天，除了政治及宗教外，我什么都可以聊。如果您想休息或看风景，那我就会静静地开车，不打扰您了。"有一位经常乘坐出租车的白领很好奇，就问这位司机："你是从什么时候开始这种服务方式的？"这位司机说："从我觉醒的那一刻开始。"

司机接着讲了他那段觉醒的过程：他以前经常抱怨工作辛苦、人生没有意义。但在不经意间，他听到广播节目里正在谈一些人生的态度，大意是你相信什么，就会得到什么。如果你觉得日子不顺心，那么所有发生的事都会让你觉得倒霉；相反，如果你觉得今天是幸运的一天，那么你所碰到的每一个人都可能是你的贵人。就从那一刻起，他开始了一种全新的生活方式。

司机心态的改变直接给自己的生活带来了巨大的变化。他热情、周到、体贴的服务让他拥有了众多的乘客。他的生意没有受到经济不景气的影响，他很少会空车在这座城市里兜转，他的客人总是会事先预定好车。他的改变，不只是创造了更好的收入，而且从工作中得到了自尊。正是他这种积极热情的工作态度创造了最大的价值。

魔力悄悄话

不要让消极的思想来统治自己，不要总是看到消极的一面。消极的心态会在愚昧无知的基础上不断地生长，直到侵占你的思想、腐蚀你的灵魂。

热情是激发憧憬的源泉

在生命中做到最多最好的人总是具有热情的品质。这样的人之所以取得如此惊人的成就,可以说实际上是乐观和热情在他们的生命中创造了奇迹。

有人认为爱默生是在美国生活过的最有智慧的人。他是一位热情的提倡者。"我们要不断地肯定自己,为自己打气!"他说,"不要浪费时间去抵制或谩骂丑恶,而要专注于歌颂美好。"当你驱散悲观和沮丧情绪,培养乐观和热情的态度,你的生命就会产生惊人的结果。即使你的能力、教育和经验都比不上其他人,你也能够通过热情来弥补。

如此看来,接受让人灰心丧气的观点,认为个人能力有限,这该有多么愚蠢啊。当被问到他们能走多远和能做多少时,一些人会说:"走不了太远,也做不了太多。"他们消极地解释说:"你看,我不像其他人那样有天赋。"对于这样的断言我会用一个问题和一个说明来作答:"你怎么知道自己的能力有限? 你并不确信这一点;你只不过是接受了这种观念,实际上因此而限制了自己。"

事实上,你并不完全理解自己的潜能所具有的力量和品质。因此,不要成为所谓个人能力有限这种悲观观点的受害者。无须认为这是不谦虚的表现,你能够并且应当让自己充满热情。记住威廉姆·詹姆斯,美国最伟大的思想家之一所说过的一段话吧,其内容是关于通过锻炼相信自身所能达到的可能性:"相信自己拥有无限的健康、能量和耐力。你的信心将使之成为真实。"这就是憧憬、热情和信仰的力量。

很多人都变得僵化,不只是肢体,也包括思维。他们热衷于贬低自己;但是这样的自我评估是对自身个性的错误理解。大多数人都低估了自己。

憧憬力——病树前头万木春

为了对抗自我贬低所带来的负面影响,你应当尝试着对自身可能性做出乐观的、富有热情的评价。当你精神十足地拒绝个人限制的观念,对自己的生活充满热情,新的品质将会突然在你体内出现,让你自己都大吃一惊。你将能够做到以前看起来完全不可能的事,成为以前看上去完全不可能成为的人。

关于热情的传染力量所产生的全新能力,可以通过一个著名的例子来说明。过去的波士顿勇敢者队在经营权易手之后,变成了现在的密尔沃基勇敢者队。在波士顿,这支队伍只吸引了很小的球迷群体。没有支持,也就产生不了激情,他们上个赛季在这里的表现一塌糊涂。然后他们被转到了密尔沃基。密尔沃基已经有50年没有大联盟棒球俱乐部球队,市民对新球队的热情简直不可遏制。他们挤满了整个棒球场,每场比赛都有两到三万人。整个密尔沃基看上去都对勇敢者队关心备至,为他们骄傲,希望他们获得胜利。实际上,所有人都相信他们能够胜利。

结果是,之前只排名第七的这支队伍表现的完全不同往日。报纸上的一篇文章描述道,坐在看台上,就能够实际感受到乐观、信心和信念从观众席上源源不断地注入球员们的身上。同一支队伍第一年最终排名第七,而下一年他们就几乎在整个联盟登顶,从此成为最成功的球队之一。

他们还是和以前同样的一拨人;同一拨人,没错,但是已经有了不同。他们正在体验和利用着一种全新的力量,一种热情激发出的力量。而这种力量释放出尚未出现的能力,从而创造了奇迹。他们现在已经是一批杰出的运动员,尽管之前他们还普普通通,畏首畏尾,屡遭败绩。

同样,你也能利用这种全新的力量。如果现在你败给了自己的弱点、紧张、恐惧和自卑感,那只是因为你从来没有考虑到热情的品质。虽然转向这种新品质生活并不容易,性格上的巨大改变不可能轻而易举,但其方法却简单明了。你可以用两个步骤来增加热情:心理正确、精神正确。一种是转变你的思维特征,另外一种是修正你的现存态度模式。通过实践信仰和心理理解的基本原则,可以完美地达到目的。

热情不可能存在于充斥着死气沉沉、病态的和毁灭性想法的心灵之中。为了改变这种状况，试着练习每天早上通过自己的意识传递一些热情的想法。看着镜子试说这样的话："今天是我的好运日。我拥有多棒的财富啊——我的住宅，我的家庭，我的工作，我的健康！我拥有这么多的恩赐。一整天我都要竭尽全力！"晚上下班后重复同样的思想建设技巧。这样每天摆脱极度病态和自我打击的悲观压抑想法的过程非常重要，因为你心中占优势的思考模式能够影响你的整个生活。病态的想法会让你变得病态。失败主义的想法会让你失败。

魔力悄悄话

当你驱散悲观和沮丧情绪，培养乐观和热情的态度，你的生命就会产生惊人的结果。即使你的能力、教育和经验都比不上别人，你也能够通过热情来弥补。

有热情才有憧憬力

热情是生命鲜活之因素

热情对于振动模式的生命是个重要的因素。整个宇宙都处于往复振动之中，与上帝创造的振动保持协调至关重要。就在此刻，你就承受着数以百万计的振动的冲击。

你受到的振动来自周围的人与物体。他们冲击着你，而你下意识地回应着他们。重要的是培养出对积极振动的敏感。这些振动是你的生命之源。

振动的等级各不相同。

举个例子，有些人引不起你的兴趣，还有些人只给你留下普通的印象。当你遇到了某些格外具有振动力量的人，就会令你激动，完全吸引住你，让你着迷，打动你的心灵，将你拉到他们身旁。

我曾观看过一场高中的戏剧，那是场很好的演出。每个参与演出的人都很棒，不过有个男孩非常值得一提。他是个瘦小的男孩，大概16岁，只在台上出现了不到3分钟的时间。然而他却充满了令人震撼的憧憬。

25岁的他会变成什么样子，真的令人难以想象。因为那个男孩有着与生俱来的天赋，善于传递振动波。他在舞台上表演的时间虽短，却让观众为之着迷。

过了很多天，我依然为这个男孩的魅力倾倒。他充满热情，因此与宇宙中的力量产生共振。

因此,去肯定你的热情吧。如此肯定,你便能够自己证实这些话的绝对真实性。

加深信心、坚定热情、忘掉自我、为他人服务。这样能够让你产生更深刻的满足感。

热情信念的力量不断持续下去,你将会有永远新鲜的感受。生命将永远不会因陈旧而乏味。

你会变得拥有憧憬而引人注目,并将一直保持下去。

有时候我们会听到人们抱怨说:"在这家公司或者这个城市,我根本没有未来。一切都不如我意。"这样的抱怨者实际上是自己给自己造成了不愉快的困境。

你所想象的画面终将变成事实,只要你坚持如此想象,总是强调它。这些人没有意识到,只要他们能够停止抱怨,并且用创造性的热情填满思想,生命中就会发生许多伟大的事情。

热情会激发成功的力量

能够在生命中迈出具有建设性脚步的人,是那些能够在所做事情上倾注无穷热情的人。他们永远不会低估自己的工作或是机遇。相反,他们会满腔热情地抓住机会,从而激发出成功的力量。

最近,在录制广播谈话的过程中,我与一同工作的工程师熟悉起来。他叫哈尔·施奈德,他似乎能从工作中得到非同一般的兴奋感。

他用自己的热情激励着我,我从他充满热情的精神中获益良多,让我认清自己。录制完成后,他收拾他的设备时,我说:"你真的很喜欢你的工作,对吗?"

"当然,我爱这份工作。"他回答。然后,在我的追问下,他继续告诉我关于他自己的事情。

他出身贫寒，住在纽约的贫困阶层聚集区。他的第一份工作是在一座公寓楼当电梯操作员。这不是什么好工作，但他却从来不这样想。这份工作为他带来了机遇，他满怀热情把全部身心都投入其中。他雄心勃勃地希望在一生中做出一番事业。他说："我努力成为最棒的电梯操作员。"

然而他真正的雄心壮志是当无线电工程师。他在业余时间自学这个科目。他极富热情，经常出没于广播工作室，最终得到了一份不起眼的工作。但是，他并不认为这份工作不起眼。他满怀热情、努力奋斗，研究、学习和工作。后来，他成了一家国家广播公司的顶级工程师。事实上，他的出色表现让他获得在 1952 年大选中随同艾森豪威尔将军巡游全国的特殊待遇。

"在那趟列车上，"他说，"我提醒自己，我曾经是个一贫如洗的小电梯操作员。而在这里，我实际上正在为一位著名将军、美国总统的候选人广播。我只是无法回过神来，我太激动了。"

"然而，我人生的巅峰体验最终到来，是在将军当选之后，"他说，"那是在纽约举行的一个巨大的集会上。成千上万的人参加集会，整个国家都在等待聆听新总统将会说些什么。那是个了不起的时刻。"

"总统站在那里，准备讲话；而我正准备直播他的发言。总统在讲演台上等待着。指示信号反应有点慢。我手指悬着不动，站了 15 秒钟。在巨大的会场里，一根针掉在地上都能听见。我突然意识到，想想看，如果我不伸手示意，就算是美国总统也不能开始讲话。我当然爱我的工作，它充满刺激。"他洋溢着热情，正是这热情让他成为一流的工程师。

这个人的经历再次证明，只要你具有想象力和热情，就能够在任何工作上做出超出这份工作本身的成就。这个年轻人心中充满热情，并且让热情得以释放。你也一样能够做到。你希望自己的生命有所不同；你想要在乏味的例行公事中有所升华；你希望提供真正意义上的服务。你能够创造不同的生活，但是你不需要为了改变生活而换另一份工作。只要改变你自己就可以了。

改变你的想法和态度。变得充满热情,这会让陈旧的工作变成全新的工作。通过这种方式,你将踏上通往更美好生活的道路。

热情非常重要,因此我打算总结一些能够帮助你培养这种重要品质的步骤,作为本节的结论。

在最简单的小事中寻找趣味和浪漫。多看到自己身上的能力。在谦逊的范围内,培养对自己的正面认识。勤奋练习消除所有沉闷、麻木和病态的意识,唤醒你的思想,有利于培养热情。每天都肯定自己的热情。当你想着它、谈论它、活出它,你就会拥有它。

魔力悄悄话

真正的热情,并非人为的或是虚伪的热情。热情是从内心深处源泉中升起的,实际上是心灵的力量。"热情"这个词语来源于两个希腊词语,"里面的"(en)和"神灵"(theos),意思是"你内心中的神灵",或是"内心充满了神灵"。

调动全身的积极细胞

很多人的生活看似很忙碌,但是不管是付出还是收获,都不能给他们带来满足和快乐。这是因为,他们的忙碌完全是建立在需要的基础之上。也就是说,他们完全是被自己的欲望左右和控制的。一方面由于人的欲望是很多的,永远都没有满足的时候,所以即使再努力也很难看到效果,缺乏成就感;另一方面,很多事情都成了一种机械式的操作,单调、重复,也就慢慢失去了热情,更谈不上什么兴趣了。最后就变成了忙碌着,但是难受着。很多人的坏情绪也是由此而来。这也是忧郁症的一个显著特点,做事缺乏兴趣。

相反,如果人们从事的是自己感兴趣的事情,那么人们会充满热情,也会调动起全身的积极细胞,全身心地投入其中,并感受到充足的快乐,即使失败也是快乐的。

兴趣爱好在心理学上的解释,是指一个人经常趋向于认识、掌握某种事物,力求参与某项活动,并且有积极情绪色彩的心理倾向。通俗点说,就是我们喜欢、最吸引我们的事情。

每个人都会对他所感兴趣的事物给予优先注意和积极地探索,并表现出心驰神往。例如对钱币感兴趣的人,会想尽办法对古今中外的各种钱币进行收集、珍藏、研究。

兴趣不只是人们对事物的表面的关心,任何一种兴趣都是由于获得这方面的知识或参与这种活动而使人体验到情绪上的满足而产生的。例如一个人对跳舞感兴趣,他就会主动地、积极寻找机会去参加,而且在跳舞时感到愉悦、放松和兴奋,表现出积极且自觉自愿。

兴趣爱好对人生起着巨大作用,它能把人从悲观、厌世、消极中拉出来，让人可以更热爱生活，适应环境，甚至成为一种向上的精神支柱。在这种支柱的支配下，他们会感到有动力、感到生活充满希望。

罗素是英国著名的哲学家、数学家及诺贝尔文学奖得主。他的成就世人皆知，但童年时的厌世情绪却鲜为人知。罗素出生在一个贵族家庭，祖父曾两次出任英国首相。但是，他觉得自己并不幸福。5 岁时就觉得前面的路漫长、厌烦又无聊，10 岁前后，他心里不断闪现轻生的念头，一直在自杀的道路上徘徊，之所以没有自杀，仅仅是因为迷恋数学，想多学些数学。

从 11 岁起，罗素就发现数学是一门"妙不可言"的学问。其后的几十年中，他不懈地钻研数学，不仅从中获得了很大的快乐和享受，也因此取得了显著的成就。后来罗素的兴趣日渐广泛，针对战争、和平、教育、伦理、人生等问题发表过大量有影响的看法，还戏剧性地获得了 1950 年度诺贝尔文学奖。到晚年时他又将兴趣集中到了长篇小说上，一直快乐地生活到了90 多岁。

因为一个兴趣而改变命运，这是许多人想象不到的。其实这是生活的一种必然：当兴趣达到一定程度时，就会成为一个人的长处（或者说优势）；长处一旦遇到机遇，就很有可能产生奇迹。

爱因斯坦曾经说过："兴趣是最好的老师。"有兴趣的事学起来更容易，也更容易成功，从而有成就感。在对性格的影响上，兴趣和爱好能促使人产生积极的情绪，并给人们无穷的力量，克服各种困难和险境，培养出顽强的毅力，并沿着既定的目标奋勇前进。

人的兴趣是在学习、活动中发生和发展起来的，是认识和从事活动的巨大动力。它可以使人的智力得到开放，知识得以丰富，眼界得到开阔，并会使人善于适应环境，对生活充满热情。

很多时候，人们会把兴趣和爱好混在一起等同于喜欢和感兴趣。其实兴趣和爱好是不同的，兴趣应该是对某件事物保持一种好奇的心态，爱好是需要一份执着在里面。所以爱好应该是兴趣的更进一步的结果，没有好奇的心态又何必去执着。因为好奇、喜好、执着，所以我们会乐在其中。生活不能缺少兴趣爱好,培养正确的兴趣爱好很重要。

1.建立培养兴趣的兴趣。也就是说,把培养兴趣当成一件非常好玩的事情来做。否则,对培养兴趣没什么兴趣,觉得没意思,那兴趣自然就无从培养。这也是培养兴趣的基础。

2.积极期望。积极期望就是从改善自身的心理状态入手,对自己不喜欢,但又必须去完成的事情充满信心,相信这件事情是非常有趣的,自己一定能够很好地完成。

3.要学会自我欣赏。对于自己某一个方面的努力,某一方面的进步和提升要欣赏。善于欣赏自己的付出,善于欣赏自己的兴趣,善于欣赏自己的收获,是使自己有兴趣的一个重要方法。

4.从可以达到的小目标开始。开始的时候,先确定一些小目标,由于比较容易实现,能够提升自信心,获得成就感,进而产生继续下去的动力和热情。当然,有时候小目标也是不容易实现的,这时候就要坚持,不要轻易放弃。

5.将原有的其他兴趣转移到新的需要培养兴趣的事情上来。比如有的人非常喜欢读书和写作,因此不论多忙、多累,每天都坚持读书和写作。把这种坚持的劲头转移到新事情上来,用这种劲头带动新兴趣的培养。

6.保持兴趣的最容易的方法是不断地提问题,不断地探索、钻研。当你为回答或解答一个问题而去做事情时,你的付出就带有目的性,就有了兴趣。

魔力悄悄话

当我们满腔热情地去做任何一件事前,一般都会对它的结果有预期的想象,从而坚持去做这件事情。例如你想象某个电影非常好看才促使你去看,假如你事先想象这个电影不好看,那么你一定不会去看。所以,你可以想象自己成功后的满足感和幸福感,以此来激发自己的兴趣,想象会帮你成功。

憧憬让人"新生"

我见过热情和憧憬在诸多生命中充分显示了它们的力量,所以我必须怀着热情写下热情能够为你做到的事情。

我可以热情地告诉你,这里讲述的每一个想法、每一条建议和每一种技巧都可行,这有事实依据。我已经见过它们在数以百计的人的生活中发生作用。因此,你可以确信这些章节中展示的各项原则的可行性和有效性。

之前还是一个无精打采、毫无生气的推销员就是通过这些方法得到了热情的新生。他在工作中懒于思考,毫无想象力的结果就是生活勉强能糊口。听说其他推销员的成绩后,他总是说他们有哪些地方做得不好。习惯于批评其他具有建设性成就的人,基本上就可以确定是个失败者,这样的人内心不够宽广。而一个人如果不能做到心胸宽广、慷慨大方,他就不能成为真正的成功者。无论何时,只要你发现自己在用这样的方式批评他人,明智的做法是全面而坦率地分析一下自己的嫉妒和不满心理。

这个推销员很长时间都没有卖出任何东西。他总是告诉妻子从一开始他进入销售这个行业就是个错误;他根本不喜欢销售,他不喜欢别人,别人也不喜欢他。只要他踏进一间办公室寻找机会,人们就沉默不语。这就是他消沉抱怨的根源。

不过,这位妻子怀着积极的信念,希望能够唤起她丈夫自身的热情和能力。最后,她说服他与自己一起憧憬。他们齐心协力地憧憬,坚信他们的生命被赋予憧憬力,想象他们自身正在发生变化。

这种祝福最终产生效果。一天早上,这位丈夫用全新的坚定口吻对妻子说："今天早上让我来祷告吧。"以下是他的祷辞："主啊,让我为了产品充满热情。让我为了通过工作做善事而充满热情。"

这样的祷词听起来有点奇怪。但是请记住,销售产品毕竟是他的工作,也是他的谋生之道;也就是说,是他的生活。

通过憧憬,他也获得了创造性的观点,销售好商品的目的不仅仅是谋生,更为重要的是为人们奉献。那一天他带着友好而忘我的情绪出门,真诚地关心所拜访的人们。

就在这一天,他卖出了两份小订单。夜以继日的,他继续肯定自己拥有创造性热情。当然,他没有发生立竿见影的改变。很少有人能够产生这样的改变。

有时候人们会发生迅速而巨大的转变,然而个性上的变化通常是渐进式的。但是,他的新态度逐渐开始重塑他的性格,最后他成为公司里最为高效的员工之一。

"我的能力平平,"他告诉我,"但我发现,如果一个普通人对工作、对他人都怀有热情的信心,他就能够以非同寻常的方式完成他的工作。"他的话多么正确啊!

当热情被应用在单调乏味的工作上时,通常可以显示出它化腐朽为神奇的魔力。生活中的一切都如同你认为的那样单调,都像你认为的那样平凡。然而,你能够通过你的思想将生活从单调乏味中解放出来,使它具有非凡的价值。这完全取决于你能产生多大的热情并真正地保持热情,取决于你的动力有多大。明确目标加上热情将会改进你的工作,无论何种工作。

成功的生活方式可以通过你热情参与生命的程度来衡量。我曾在电视上观看一场橄榄球比赛。其中一支球队的两名守卫队员简直就是热情的发动机。球飞向哪里,他们就在哪里。他们似乎控制了整个球场。他们是那么的热切、迅速而热情。他们非同一般的效率只有一个原因可以解释,那就是他们充满了热情,他们忘我地投入其中。

如果你并不满足于现状——无论有何成就我们都不应当自满——你

就要努力地为工作、为家庭、为社区多付出。最为不容置疑的真理之一就是,生活所赐予你的不会少于你所付出的。对生活全力以赴,生活将会给你丰厚的回报。

热情能够承载所有事物。热情能为你创造奇迹。

魔力悄悄话

保持精神上的憧憬和生气。每天放松,保持你的意识和精神不疲倦。表现出热情,因为你表现什么样子就会成为什么样子。不要让任何罪恶感抹杀你精神的光辉。这是让你产生厌倦的最大诱因。保持与上帝之间创造性通道的畅通。记住热情就是"entheos",意味着"内在有灵"。

第二章
憧憬利人又利己

　　不断憧憬的人会利用一切可以利用的力量,善于调动一切可以调动的积极因素。他目标远大。人们愿意与他一起前行。

　　缺少憧憬和热情的人却只顾自己个人孤军奋战,不善于团结各方面的力量一起努力,因此成功的概率就要小得多。

　　品味生活要多想些美好之处。因为生活毕竟不是只有鲜花,时时充满阳光。我们要想成功地走出郁闷和哀愁,就要多思考生活中美好的一面,从中品味幸福。

实践希望　活出朝气

让黑暗透点光

你脑子里的希望越多,你的抑郁感就去除得越快。当希望成为一种习惯,你就能够获得长期快乐的精神状态。最好是非常简单的开始,简单地就像你早上刚睡醒对自己说一些有希望的话语。例如,这样告诉自己:"这将是非常美好的一天,我一整天都将感觉良好。今天我打算做些有建设性的事情。"然后一整天都坚持这样满怀希望地讲话。

通过说这些话,你将开始引发实际效果的过程。通过不断地重复,这些带有希望的想法将会嵌入你的思维模式,继续下去,还会赶走抑郁,让希望的感觉在脑海里占主导地位。

"可是,"你可能会反对,"实际上你不可能通过说话让自己变成某个样子!"你当然能够做到。你所说的话在很大程度上影响你的精神态度。如果你整天说些阴沉、悲观和消极的话,你就会变得阴沉、悲观和消极。说的话很容易形成想法,当然,反之亦然,怀着某种想法,你就会说出同样的话。不管怎样,言语和想法实际上有着非常明确的自我复制的趋势。用悲观的方式思考和讲话,你就会得到悲观的结果。

如果反其道而行之,你用带有希望的方式讲话和思考,你就倾向于迎来有希望的结果。你能够说服自己变成你所期盼的精神状态。许多痛苦的感觉都是由我们思想和言谈或者说话和思考的方式造成的。实践希望,说有希望的话,你会开始感觉更好,然后你就开始做得更好。

这当然不是无视日常存在的残酷艰难的现实情况。但希望是一种可以克服冰冷残酷现实的有效方法。谈论希望、思考希望,将会燃尽你的抑郁情绪。然后,通过清晰的思考和坚定的精神你就能够面对困难并将其克服。令人惊异的是,一个充满希望的人能够让事情向好的方向发展,反之则会被障碍打败。

生活艰辛,这一点毫无疑问,但没有什么艰辛能够与真诚的希望抗衡。世界上最有韧性的事物之一就是充满希望的意志。所谓的困难的坚韧程度也不能与之对抗。所以,就用希望填满你的意志吧,它必定提升你的精神。

做自己的"调音师"

精神调节很重要。若想让人的发动机有效地工作,也要像调节其他发动机一样调节它。飞机起飞前,驾驶员要对发动机进行调整和测试,以便让各个发动机都做好准备以抬起沉重的机身离开跑道。如果我们人的发动机运行迟缓、脱离节奏,那便是由于我们缺少高效而有生命力的生活所必需的提升力。

我们需要让身、心、灵完全恢复健康。正确的饮食、正确的锻炼、正确的思考、正确的祈祷、正确的生活,这些就是调节生命憧憬力的全部过程。当钢琴弦失去弹性。调音师就要将琴弦调回正确的音调。经过更新的生命音调对于充满憧憬力的生活至关重要。

我的老朋友,也是我的私人医师,纽约的 Z. 泰勒·贝尔科维奇医生说:"要想唱好歌,先要调好音。"他所开的药方是这样的:"每天在划艇机上花5分钟,再花5分钟热情憧憬。"这样调节身心,能够创造弹性。

在这个调节过程中,加深你的精神体验将会带来动力,让你充满信心,然后你将会在挫折与沮丧面前产生惊人的力量。

在佛罗里达州的彭萨科拉，我曾对海军飞行员学员们发表过讲话。我被邀请登上一架喷气式飞机。登机前的准备是个很复杂的过程；救生背心、应急用照明弹，并细致讲解在水面上迫降时如何给背心充气。

他们在我身上放了一条肩带和一条将我围住的安全带，还在我头上戴了一顶头盔，一直垂到我的耳朵上。我的双脚被放在确定的位置，并告诉我一定要把脚后跟保持在一个特定的挂钩上并且手指放在一个释放按钮上。如果我们的飞机坠毁，我只需要按下那个按钮让自己弹出飞机。此时我脑子里开始生出相当紧张的情绪。然后他们戴上氧气面罩，拉下飞机顶端的座舱盖，这样我们就被密封在机舱里了。生命中头一次，我受到了幽闭恐惧症的困扰。

"这是不是棒极了？"机长通过交互通信系统呼叫我。

"我一生中从未有过这样的感觉。"我回话说。同时还在继续与幽闭恐惧症做斗争。

"你将经历终生难忘的时刻！"他热情地鼓励我。"因为我们即将去往另一个世界。"

我希望他说的是这个世界里的另一个世界。

我们以令人难以置信的速度从跑道上呼啸而过，迅速冲上天空，这样的起飞方式我从来不曾经历过。"一旦我找到一个洞口，我们就将进入另外那个世界。"机长说。

他找到了并且开始加速——我从来也不知道飞机可以爬升得这么快——五千，一万，一万五千，两万，直到两万五千英尺，然后我就看到了他所说的另一个世界。我感觉自己一动不动地悬浮在一片广袤无垠的蔚蓝色天空中。

那里几乎听不到什么声音，只有轻微的嗡嗡声，因为我们正在高速运动中，这种速度可以逃离声音的追逐，逃离整个世界，逃离所有的挫折。华兹华斯的诗句流过我的心头，于是我大声念诵出来："我独自徜徉，宛如一片云。"

然后我也变得热情起来，开始呼叫机长斯特林，海军最好的飞行员之一，也是我的好友。"这简直太美妙了！好在我没有错过。我感到一种自由、轻松和令人振奋。怎么说呢,"我说,"这就像(我在搜索最恰当的描述方式)就像一种精神体验。"

"就是这样,一点没错!"他回呼我说,"一种精神体验。"接下来他继续说:"这就是我们训练学员所经历的体验。"

他用昂扬的话语描述道:"我们一步一步地引导学员,直到最后他认识到自己不再与地面相连。"

魔力悄悄话

任何人都能够实现从抑郁到振作的转变,只要他做到以下几点:首先,他要全心期盼这种转变的发生;其次,他需要全力以赴地去获得这种转变;再次,他要用全部精力来锻炼自己的信仰;最后,他要让自己置身于深刻而彻底的精神体验之中。

直面现实是一种勇气

勇敢地面对人生的灾难和挫折,用平静的心态去承受不可更改的事实,请记住,烦恼和苦难只在你的一念之间。

国外有句名言:"事情既然已经是这样,就不会成为别的样子。勇于承认事情就是这样的情况,平心静气地接受已发生的事情,是克服更多不幸的第一步。"

罗琳女士在丈夫去世后与儿子安德鲁相依为命,她没有再婚,独自一人辛辛苦苦地承担起了对儿子的抚养、教育义务。终于,安德鲁考入了名牌大学,马上就要毕业了。在毕业前,已经被一家大公司签约录用。对于罗琳女士来说,经过了千辛万苦之后,美好的生活就在眼前。但是天有不测风云,就在安德鲁毕业前夕,罗琳突然接到通知,安德鲁外出时遭遇车祸,不幸去世。

谈到此事,罗琳说:"听到儿子车祸身亡的消息,我感到悲痛欲绝。在此之前,我一直觉得生活是如此快乐,我有一个非常讨人喜欢的孩子,为了养育他,我不惜付出全部力量。在我眼里,他具有年轻人一切美好的品质,我感到离开了他便不能生活。无情的电报粉碎了我的希望,我觉得再不值得活下去了。我开始忽视工作,疏远朋友。我放弃了一切,对世界怨恨不已:为什么上帝要夺去我可爱的孩子?为什么这个充满希望的青年还未能开始他的人生旅程,就这样离开了人世?我根本无法接受这个事实。因为伤心过度,我不得不放弃满意的工作,远走他乡,泪水和悲伤成为我生活的全部内容"。

"当我准备辞职,清理办公桌的时候,忽然从抽屉里找到一封落满灰尘的信。那是安德鲁在几年前在我母亲去世时写给我的一封慰问信。信中写道：'我们会永远怀念她的，尤其您更会如此。我知道您会勇敢地面对这一残酷的事实，因为您坚强的人生观必定会使您接受生活的挑战。我永远不会忘记您所教给我的那些美好而深刻的人生道理，不论我们相隔多么遥远，我会永远记住您的微笑。我会像一个真正的男子汉，承受生活带来的一切考验。'我把信反复读了几遍，仿佛听到安德鲁在我身边说：'您为什么不照您说过的话去做呢？坚强地活下去！不论发生什么事，都要把您个人的悲哀藏在微笑底下，继续坚强地生活下去吧！'于是我又回到工作岗位上，我不再对世界感到愤愤不平。我不断对自己说：'事情既然已经到了这种地步，虽然没有力量改变它，可是我能够坚强地活下去。'我全心全意地投入到工作中，结交新的朋友。

我不再为无可挽回的过去悲哀，而是懂得了珍惜宝贵的现在。因为我已经接受了现实，或者说接受了命运对我的安排，所以我们现在的生活比以前更加充实，更加快乐。"

不敢面对现实的人是胆小鬼，但接受现实更需要勇气。现实中，有些事情是我们不能左右的，不过有一点是明确的，即我们在左右不了现实时，可以左右自己对待现实的态度。

"能够看破人生的一切，是你人生旅途中最重要的一件事。"这句古代的格言发人深思。的确，单单是环境，并不能决定我们的一生是幸福还是不幸福。我们对于环境的反应和态度，才能决定我们是否幸福。天国就在你心中，其实这也是地狱所在的地方。人们是经得住灾难与悲剧冲击的，甚至可以战胜它们。

不要觉得这是一个不可思议的奇迹，实际上人们内在的精神力量可以坚强得令人惊奇，只要你善于运用这种力量，它可以帮助克服一切困难。人，要比自己想象得坚强得多。

假如你不敢正视现实而妄加抵制，或是焦虑万分，或是畏缩不前，或是心灰意冷、丧失信心，都无法改变不可避免的事实。但是你可以改变自己的情绪，用新的思考方式去向现实挑战，并且战胜它。

我们来看一个大家都很熟悉的例子。20 世纪 20 年代，苏联的一位共青团干部被病魔击倒。他从小就是一位革命者，参加过苏联红军，曾经是骑兵队伍里一名英勇的战士。

和平时期，他是一位建设者，将全部的热情和心血投入到社会主义建设事业中。战争年代的枪伤、建设时期的劳累，使他的身体受到了严重的损害。正当他奋战在自己的岗位上时，无情的病魔向他袭来，先是下肢瘫痪，他不得不卧床休息，后来眼睛又渐渐失明。病魔可以将他击倒，但没有将他击垮。

他勇敢地面对疾病的挑战，又为自己找到了新的事业，他决心将自己的经历写出来，纪念自己曾经奋斗的伟大事业。眼睛看不到，他就用硬纸做成格子，套在稿纸上。

终于，他写出了一部振奋人心的作品，塑造出了一个激励了无数青年人的英雄形象：保尔·柯察金。你想到他是谁，对，他就是《钢铁是怎样炼成的》作者——奥斯特洛夫斯基。

也许你会说，这些都是老生常谈了。但老生常谈并不代表没有道理。也正是因为其中蕴含着永恒的真理，它才会被人们一再谈起。也许你会说，保尔太极端了。或许你我都没有保尔那样的理想主义色彩，将自己的一切献给人类最伟大的事业。但是，保尔的精神、奥斯特洛夫斯基的精神，那种勇敢迎接命运挑战，面对挫折和不幸不屈不挠的坚强，难道不值得我们学习吗？

美国的《生活》周刊曾经刊登过一则故事：一名在战场上受伤的士兵，当他从手术台上苏醒过来时，军医对他说："再休息一段时间，你就会痊愈了，唯一遗憾的是，你失去了你的左脚。"但是这位伤兵却出人意料地大声说："不对，我这只左脚不是失去的，而是被我遗弃的。"凡是读过这则故事的人，都会对这位士兵那种毫不沮丧地接受悲惨事实的勇敢行为感到由衷地敬佩。这位士兵能够把失去的东西称为被遗弃的，显然表示他已经越过了绝望的深渊。

不管"失去的"也好，"被遗弃的"也罢，反正事情已经发生，东西已经失去，这是一个不可更改的事实。如果你认为它是失去的东西，你的内心一定会万分地惋惜，甚至觉得自己受到了沉重的打击。

相反，如果你把它想成被遗弃的东西，那就表示这是一种希望，在这种情况下，你将会以轻松的心情来面对这件事，对未来重新产生希望。

罗伯特·哈罗德·卡什诺在他的畅销书《当不幸降临到善良的人们》一书中告诫我们：我们不应该总是把眼光落在过去和痛苦上。不应该总是问自己："为什么不幸偏偏落在我的头上？"代替这句话的应该是面向未来的问题——"既然这一切已经发生，我应该做些什么？"

许多成功的实业家都令人仰慕，但是他们的成功几乎没有一个是一帆风顺的。他们的可贵之处就在于他们都能够接受那些不可逆转的事实。他们不会把时间浪费在对过去毫无用处的抱怨和哀叹上，他们着眼于未来，知道昨天的事情已无可更改，不管你是否愿意接受，它已经发生，成为事实。如果他们缺少这种理智的话，就不会有后来的事业成就。

一位商店老板说："即使我失去了所有的财产，我也不会终日陷于苦恼之中。因为我觉得忧虑不能使人得到任何帮助，我的责任就是尽力把以后的工作做好，这就够了。"

某公司的经理在谈到如何避免忧虑时说："要是我遇到很棘手的问题，只要有一点办法，我就去做，要是没有办法，就干脆忘了它。我从不担心未来，因为没有人能够准确地算出将来的某月某日会发生什么事情，能够影响未来的因素多得数不清，没有一个人能够了解这些事情为什么要发生。你又何必去忧心忡忡呢？只要能大致对未来有个了解，就可以用今天的努力为明天做好准备，但不必担忧，因为担忧没有任何益处，只会耽误我们今天的生活。"

还有一位经理说得更直率："要是碰到没办法处理的事情，我就让它们自行解决，结果也不一定比忧虑万分更坏。"

你知道汽车的轮胎为什么能在路上支持那么长久？忍受那么多摩擦

与颠簸吗？最早制造轮胎的人，是想制造一种抗拒颠簸的坚硬的轮胎，结果没用多久便坏掉了。于是他们努力制造出另一种轮胎，它并不坚硬，但适当的柔软却可以吸收路上所遭受的各种压力和摩擦，反而能使它保持很长的时间。同样，如果你在坎坷的人生旅途上，能够承受所有的困难和挫折，你就能生活得更愉快，享受快乐的人生。

如果对生活里遇到的挫折不采取理性的态度来对待，轻易地被困难吓倒，就会使内心遭受沉重的打击，整个人都陷入烦恼、紧张和焦虑不安当中，严重的时候还会自寻死路。如果你一味地逃避严酷的现实，自欺欺人地躲入自己编织的梦幻世界之中，那必然会走上精神错乱的地步。

魔力悄悄话

要勇敢地面对人生的灾难和挫折，用平静的心态去承受不可更改的事实，请记住，烦恼和苦难只在你的一念之间。

让挫折成为财富

挫折会让人更加成熟,这同样是人生的宝贵财富。

遇到令人不快的事件,特别是一些生活中的意外,谁都会产生负面情绪,但是长期深陷其中不能自拔,非但于事无补,而且危害自己的身心健康。如果我们改变态度,将每次的失意当作是考验和磨炼自己身心的机会,把它当作超越自己的一次机遇,那么,我们就会不再那么消沉,甚至可能会感谢生活使自己进一步看清了人生的真相。挫折会让人更加成熟,这同样是人生的宝贵财富。

例如,美国克莱斯勒汽车公司的总经理李·艾柯卡,当初在福特汽车公司任总经理时,曾因工作不被信任而遭辞退。

也就是这次辞退,大大激发了他的自尊心,他不甘沉寂,应聘到克莱斯勒公司做总经理。艾柯卡大胆改革,采用新的管理措施,终于挽救了连年亏损的克莱斯勒公司,公司的财政情况由亏损转为盈利,并在市场占有率上打败了老东家福特公司。

日本著名的实业家原安三郎曾经说过:"年轻时赚一百万的经验,并不能成为将来赚十亿元的经验,但损失一百万的经验,倒可以培养赚十亿元的经验。逆境是锻炼人才最好的机会。"

许许多多的成功者走过的道路,给人们留下了深刻的启示:艰苦的环境、坎坷的经历不但不能把他们击垮,反而给他们的胜利果实增添了营养。就像中国的思想家孟子那段著名的话:"天将降大任于斯人也,必先苦其心志,劳其筋骨,饿其体肤,空乏其身,行拂乱其所为,所以动心忍性,曾益其所不能。"正是由于苦难和不幸激发了人们的潜能,使他们学到了许多平时无法领悟的东西,才使那些成功者走出了平庸,取得了非凡的成就。

弥尔顿在双目失明的情况下,写出了流传后世的不朽诗篇;贝多芬在失去听力的困扰下,创作出震撼人心的《欢乐颂》;海伦·凯勒奇迹般的生涯是伴随着失明和聋哑;柴可夫斯基若不是因为自己婚姻的悲剧,就不会在痛苦中写出不朽的名曲《悲怆交响曲》。在中国也有这样的例子,太史公司马迁说过:"盖西伯拘,而演《周易》;仲尼厄,而作《春秋》;屈原放逐,乃赋《离骚》;左丘失明,厥有《国语》;孙子膑脚,《兵法》修列;不韦迁蜀,世传《吕览》;韩非囚秦,才有《说难》《孤愤》。"

所以说,人们的成功往往起因于我们所遭受的苦难和不幸。若是谈到人的潜在能力,那么可以认为人类最惊人的特性,就是能把负变成正的力量。

对于自身的弱点和不足、困难和挫折,愚蠢的人会说:"肯定会失败的,这是命中注定,还是认命吧!"有识之士则不会怨天尤人,反而会冷静地思考:"从这件事中我应该学习到哪些教训? 如何才能使情况转危为安? 如何才能把劣势转为优势?"他会立足于现有的条件,充分发挥自己的创造性和主动性,做出一番事业。

细看成功者的经验,你可以了解到大多数成功者必须经过磨难,然后才能尝到胜利的甜蜜。事情最好是一次成功,但假使无法达到预期的成功,就应该试着把负的变为正的,把否定变为肯定,这就是创造性的开端。沉浸于现实的忙碌之中,没有时间和精力流连过去,成功也就不会太远了。

中国著名京剧表演艺术家周信芳,自幼学艺,7 岁时便登台表演,人称"七龄童",后来他用谐音"麒麟童"作为自己的艺名。

就在周信芳先生二十多岁的时候,当时他已经是有名的老生演员,正处于事业顺利发展的时期,他的嗓子因病变得嘶哑,完全失去了往日的洪亮。这种现象在京剧演员身上经常发生,京剧界的行话称为"倒仓",很多非常有才华的演员就是因为"倒仓"不得不告别了舞台。

周先生在失声后，一度非常痛苦，但他没有消沉。坚持练功，每天早晨，不管刮风下雨都到僻静处喊嗓、练声。后来，嗓子可以发声了，但是仍然没有恢复到以前的状态。周先生并没有气馁，根据自己嗓音沙哑的特点，潜心研究，创造出一种适合自己的唱法，虽然略带沙哑，但沉郁、雄浑，感情真挚、强烈。重新登台后，周先生的新唱法使观众耳目一新，深受欢迎，迅速红遍了大江南北，名列"四大须生"，他的唱法也成为众人学习的对象。

嗓子失声，可以说是演员的致命伤，许多演员就因此失去了自己的艺术生命。但是，周信芳先生并没有因此放弃，反而将劣势转变为自己的优势，开创出京剧中一个新的流派，成为京剧老生的一代大师。

其实这样的例子在我们的生活中比比皆是，只要你留心观察，你就会发现，那些快乐的人们、成功的人们都是在用智慧和勇气与困难搏斗。

魔力悄悄话

人生最重要的不只是运用你所拥有的，任何人都会这样做，真正重要的问题是如果从你的损失中吸取教训，让你的挫折成为你成功的铺路石，这是真正的智慧。

就像一句西方格言所说：命运交给你一个酸柠檬，你得想办法把它做成甜的柠檬汁。

在希望中寻找和发现商机

在投资界,巴菲特以善于"做"多闻名,就是说他善于多方面寻找具有成长潜力或者被低估的企业。

在 2003 年 4 月中国股市低迷徘徊的时期,巴菲特以每股 1.6 至 1.7 港元的价格大举介入中石油 H 股 23.4 亿股。在接受中国媒体的采访时,巴菲特透露是读了中石油的年报后决定买人的。他说:"我读了 2002 年 4 月的年报,而且又读了 2003 年的年报,然后我决定投资 5 亿美元给中石油,仅仅根据我读的年报,我没有见过管理层,也没有见过分析家的报告,但是非常通俗易懂,这是很好的一个投资。"

2007 年 11 月 5 日,中石油(601857)正式登陆上海证券交易所挂牌交易,发行势头非常好。然而,巴菲特却于此前三个月时间内七次减持中石油 H 股。2007 年 10 月 18 日,巴菲特公开对外宣称,基于股票价格考虑,他已经将所持中石油 23.4 亿股 H 股全部卖出。这意味着在巴菲特心目中,中石油目前持续上扬的 H 股股价已超出其潜在价值。

虽然股票抛了,巴菲特对中石油依然很有感情,他说:"我们大概投入了 5 亿美元的资金,卖掉后我们赚到了 40 亿美元,我昨天给中石油写了一封信,感谢他们对股东做的贡献。中石油的记录比任何世界上的石油企业都要好,我很感谢,所以我给他们写了一封信。"

巴菲特是在阅读年报时抓住投资中石油的信息,这对我们来说有很重要的借鉴意义。如今,我们身处信息时代,信息就是我们创业的基础,掌握信息,才能掌握先机,做到有的放矢,所以,捕捉信息,就是成功创业的方法之一。

憧憬力——病树前头万木春

同巴菲特一样,香港假发业之父刘文汉先生,也是因为善于观察和思考,从而在生意场上大获成功的。

20世纪60年代中期,不满足于经营汽车零件的小商人刘文汉去美国旅行,考察美国的市场,同时也想学一学经商之道。有一天,他去克利夫兰市的一家餐馆跟两位美国朋友共进午餐。美国人一边吃一边谈着各自的生意经,一位无意间提出"假发"两个字。刘文汉心中一动,脱口叫道:"假发?"美国商人又一次补充道:"假发,是的,我想购买13种不同颜色的假发。"

就是餐桌上这场普通的谈话使刘文汉开了窍。他充分利用自己敏捷的思维,很快就作出正确判断:假发中大有文章可做,这其中蕴含着无穷的商机。

回到香港,刘文汉立刻着手调查制造假发的原料来源。经过调查研究他发现,从印度和印尼输入香港的人发,制成各种发型的假发,其成本相当低廉,最贵的每个不超过11港元,而一个假发的售价却高达数十美元。刘文汉喜出望外,立即决定在香港创办假发工厂。制造假发需要技术专家,刘文汉听说有个专门为演员制造假发的师傅,便不辞辛劳地去请这位师傅出山。但是,这位内行高手说,制造一个假发需要用3个月时间。远水解不了近渴,但刘文汉的思维并没有就此停下,他在头脑中飞快地将手工操作与机器操作联系起来,终于想出了办法。

刘文汉先是把那位内行师傅请来,又招来一批工价低廉的女工,精通机械之道的他立即着手改造出假发制造的操作机器,然后手把手地教那些工人们操作。就这样,世界上第一个制造假发的工厂诞生了,各种颜色、式样的假发大批量生产出来。消息在市场上不胫而走,订货单像雪片般地飞到了刘文汉的工厂里。到了1970年,刘文汉的假发工厂销售额已经达到了10亿港元。

从刘文汉先生成功的经验来分析,如果不是仔细观察和分析研究,他就不会取得如此辉煌的成就。当然,他的顽强意志、相机而断以及所具有的相关知识,也为他的成功提供了很多有利条件。但是,我们不可否认,在刘文汉成功的事例中,敏锐的洞察力起了决定性的作用。如果是一般人,很可能很随意地放过这个看似微不足道却大有潜力的信息,而刘文汉先生不仅捕捉到了它,而且还进行了缜密地思考,确定了自己经营的目标,从而取得了巨大的成就。

金娜娇,京都龙衣凤裙集团公司总经理,下辖9个实力雄厚的企业,总资产已超过亿元。她的传奇人生在于她由一名曾经遁入空门、一心向佛、皈依释家的尼姑而涉足商界。

也许正是这种独特的经历,才使她能从中国传统古典中寻找到契机;又是她那种"打破砂锅"、孜孜追求的精神才使她抓住了一次又一次人生机遇。

1991年9月,金娜娇代表新街服装集团公司在上海举行了隆重的新闻发布会,在返往武汉的回程列车上,她获得了一条异常重要的信息。

在和同车厢乘客的闲聊中,金娜娇无意得知清朝末年一位员外的夫人有一身衣裙,分别用白色和天蓝色真丝缝制,白色上衣绣了100条大小不同、形态各异的金龙,长裙上绣了100只色彩绚烂、展翅欲飞的凤凰,被称为"龙衣凤裙"。金娜娇听后欣喜若狂,一打听,得知员外夫人依然健在,那套龙衣凤裙仍珍藏在身边。虚心求教一番后,金娜娇得到了"员外夫人"的详细住址。

金娜娇得到这条信息后心更明眼更亮了,她马上改变返程的主意,马不停蹄地找到那位近百岁的员外夫人。作为时装专家,当金娜娇看到那套色泽艳丽、精工绣制的龙衣凤裙时,也惊呆了。她敏锐地感觉到这种款式的服装大有潜力可挖。

于是,她毫不犹豫地以5万元的高价买下这套稀世罕见的衣裙。机会抓到了一半,开端比较运气、比较顺利。

把机遇变为现实的关键在于开发出新式服装。回到厂里,她立即选取上等丝绸面料,聘请苏绣、湘绣工人,在那套龙衣凤裙的款式上融进现代时装的风韵。功夫不负有心人,历时一年,设计试制成当代的龙衣凤裙。

憧憬力——病树前头万木春

在广交会的时装展览会上，"龙衣凤裙"一炮打响，国内外客商潮水般涌来订货，订货额高达1亿元。

就这样，金娜娇从"海底"捞起一轮"月亮"，她成功了！从中国古典服装出发，开发出现代新式服装，最终把一个"道听途说"的消息变成一个广阔的市场。她的成功给我们很大的启发。

这个意外的消息对一般人而言，顶多不过是茶余饭后的谈资罢了，有谁会想到那件旧衣服还有多大的价值呢？知道那件"龙衣凤裙"的人肯定很多很多，但究竟为什么只有金娜娇才与之有缘呢？用上帝偏爱金娜娇来解释显然没有道理。重要的在于她"懂行"，在于她对服装的潜心研究，在于她对服装新品种的渴求，在于她能够立刻付诸行动。

这也即是著名的成功学家拿破仑·希尔所说的"成功的神奇之钥"。

要培养敏锐的洞察力，需要我们平日就要多加留心身边的各种事物。

魔力悄悄话

从以上这些案例来看：如果不是他们仔细地观察和分析研究，就不会从信息中得到实质的东西。我们不可否认，他们顽强的意志，相机而断以及相关的知识，为他们的成功提供了很多有利的条件。但其敏锐的洞察力、高层次的思维创新能力才是他们创业成功的最重要的智力保证！

有了目标，然后行动！

大多数人自认为他们知道自己想要什么，可是实事求是地讲，他们对此并不清楚。这听起来似乎自相矛盾。然而若是人们都知道自己想要什么，只要他们意志坚定、精力充沛、行动力强、奋力拼搏，他们就都能够实现目标了。

世上的人可以分为两类，第一类人是"我将要先生或女士"，第二类人是"我该不该先生或女士"。

而且绝大多数人都属于第二类。

想想你对自己说过多少次"我是否应该……"因优柔寡断而停滞不前的人远比因其他原因而无法进步的人多得多。

除非"那个东西"——内在的创造性潜能——被你的决定所磁化，否则它不可能为你吸引来任何东西。

一块磁铁不可能在两个方向上同时产生吸引力，而必须把磁力集中在某个确定的物体上，人们通过将磁铁置于铁屑堆上的实验可以证明这一点。

当磁铁被置于任一特定位置，铁屑会立刻被吸引上来，若移动磁铁的方位，其磁力会随着距离和方向的变化而逐渐减小。

当你在思想上和情感上背离真正的自己，你会感到困惑、陷入僵持，甚至会破坏自己用以吸引的磁力。

一个女人曾对我说过："我的思想就像没整理的床铺一样一团乱麻，我很害怕去整理它，我甚至不敢去触碰它，因为我害怕它会更加凌乱不堪。我想我还是让它保持原样好了。"

你是否也希望自己停留在原地？若你真希望这样，只要别拿主意就行了！只要你不转变思路，将来的某一天，你会发现自己仍旧在原地徘徊。

若非如此，那你就是降到了一个更低的位置。因为人生中没什么是一成不变的，所有的事物都在不停地移动，要么向上，要么向下。就像金属，若缺少了经常性的打磨养护，就会变得锈迹斑斑，并最终在自然之力的作用下分解破碎，归于泥土。

人生就像一场大检阅，而你不能掉队。无论年纪几何，你都必须为了自己不断前行。

大自然憎恶那些将自身才能白白浪费掉的生命体，秃鹰时刻等待着吞食那些放弃拼搏的肉体。这说法听起来让你不寒而栗吗？其实并不是非得这样，但你必须自己做出改变。

其实，每个人都被自然赋予了一件东西，这件东西在每一件事情上、人生的每一个阶段中，甚至包括死亡在内，都对你照顾有加。

在你的体内，数以百万计的细胞在不停地进行着新陈代谢，只是你感觉不到罢了。

头脑也是如此。随着阅历的增长，你会不断地去掉旧观念，代之以新观念。若非如此，那些不合时宜的旧观念就会堵塞你的思想、拖慢你的思维、锈蚀你的大脑、妨碍你的进步，最终使你停滞不前。

若你发现自己不能按照原有的方式做决定，很可能是因为你正在和旧观念、旧思维模式、老习惯和欲望进行一场角力。尽管内在的声音不停地警告你：将它们抛下船去，摆脱固有的模式，做你本该做的事情，你却依然不能将其摆脱。

"你生平可曾遇见红海似的绝境？

在那儿，不论你有多少本领，

无法后退，也无法前进，

除了冲过去，没有别的路径。"

——安妮·约翰逊·弗林特

如果这是你目前精神状况的写照，那么恭喜你！如果你背靠着墙壁畏缩不前，如果你困溺于优柔寡断，如果你被自己自觉不自觉臆想出的各种情形拖住了脚步，只要你还能向前迈步，那么"除了冲过去，没有别的路径"。

因此请直面现实，重新确立人生的方向，整合分散的力量，坚定自己的信念，大步前进！

生活中有许多人，表面看起来，他们似乎已经达到了自己忍耐力的极限，然而，在关键时刻，一旦他们做出了积极的决策，一旦他们自我暗示说"我将会面对它，我将会把这件事情解决掉"，就会发现自己又燃起了一股新的力量。

让"那个东西"，内在的创造性潜能，被正确的思想和决定磁化，并赋予你冲出困境的智慧和力量。而这一过程无论在何时发生都不算太晚。

"在关键的时刻，上苍指引了我。"这一说法已经被成千上万的人所证实。

他们的意思是说经过多次失败的尝试之后，他们被指引去求助于神赐的内在资源，而且，这些可能一直在为他们所用的内在力量回应了他们的感召！

若你认为只需要好好利用自己的意识就能成功，那你就错了。自大狂总喜欢假装什么事情都是他利用自己的意志力和体力做成的。他拍着自己的胸膛吹嘘道："看看我吧，一个自我成就的人！"然而，骄傲自大的人若在生活或事业上遭遇挫折，你就会看到他们的自我像皮球一样泄了气：走路时低压着帽子，下巴几乎贴在衣领上，眼睛直盯着地面，嘴里还喃喃自语道："真想不通这种事怎么能发生在我身上。"

当然，通过自身"物理驱动"，你也能有所得，你可以纵容自己无视道德的管束，恶意操纵他人，设计阴谋诡计，用尽心机攻击别人的弱点，不择手段达到自己的目的。

然而，通过强力得来之物最终也会因强力而丧失，因为强力不能长久。总有一天，你会遇到某个人用同样的恶毒的策略，将你狠狠踢到路边，甚至用压路机将你压倒。那时，你便失败了，因为若你曾使用了自己体内真正的力量的话，你其实错用了这种力量。

憧憬力——病树前头万木春

你可能会生平第一次感到害怕,你不再相信自己所谓的成功之道,也不再相信周围人和上帝。这个世界如此的贫瘠荒凉,而你是芸芸众生中最弱小的生命。最糟糕的是,你甚至对自己和这个世界的信心被彻底击碎,不知道何去何从。

魔力悄悄话

这个世界上,成千上万的人都在为自己不能下定决心而悔恨,这恐怕是人类最为悲伤的挽歌之一了,因为优柔寡断敲响了希望、壮志、自信、能动性和成就的丧钟。只要还没有下定决心,你就会显得相当无助,你无法充满信心地朝某个方向前进,你的内心深处极度缺乏安全感。

用耐心去等待成功

成功在很多时候取决于每个人对待成功与失败的态度。正如那位老者所说：在成功的道路上，你没有耐心去等待成功的到来，那么，你只好用一生的耐心去面对失败。也就是说，成功只垂青于有耐心的人。

一位全国著名的推销大师，即将告别他的推销生涯，应行业协会和社会各界的邀请，他将在该城中最大的体育馆，做告别职业生涯的演说。那天，会场座无虚席，人们热切地、焦急地等待着那位当代最伟大的推销员，做精彩的演讲。

当大幕徐徐拉开，舞台的正中央吊着一个巨大的铁球。为了这个铁球，台上搭起了高大的铁架。一位老者在人们热烈的掌声中，走了出来，站在铁架的一边。

他穿着一件红色的运动服，脚下是一双白色胶鞋。人们惊奇地望着他，不知道他要做出什么举动。这时两位工作人员，抬着一个大铁锤，放在老者的面前。

主持人这时对观众讲：请两位身体强壮的人，到台上来。好多年轻人站起来，转眼间已有两名动作快的跑到台上。老人这时开口和他们讲规则，请他们用这个大铁锤，去敲打那个吊着的铁球，直到把它荡起来。一个年轻人抢着拿起铁锤，拉开架势，抡起大锤，全力向那吊着的铁球砸去，一声震耳的响声，那吊球动也没动。他就用大铁锤接二连三地砸向吊球，很快他就气喘吁吁。

另一个人也不示弱，接过大铁锤把吊球打得叮当响，可是铁球仍旧一动不动。台下逐渐没了呐喊声，观众好像认定那是没用的，就等着老人做出什么解释。会场恢复了平静,老人从上衣口袋里掏出一个小锤,然后认真地,面对着那个巨大的铁球。他用小锤对着铁球"咚"地敲了一下,然后停顿一下,再一次用小锤"咚"地敲了一下。人们奇怪地看着,老人就那样"咚"地敲一下,然后停顿一下,就这样持续地做。

十分钟过去了,二十分钟过去了,会场早已开始骚动,有的人干脆叫骂起来,人们用各种声音和动作发泄着他们的不满。老人仍然一小锤一小锤不停地工作着,他好像根本没有听见人们在喊叫什么。人们开始愤然离去,会场上出现了大块大块的空缺。留下来的人们好像也喊累了,会场渐渐地安静下来。

大概在老人进行到四十分钟的时候,坐在前面的一个妇女突然尖叫一声:"球动了!"霎时间会场立即鸦雀无声,人们聚精会神地看着那个铁球。那球以很小的摆度动了起来,不仔细看很难察觉。老人仍旧一小锤一小锤地敲着,人们好像都听到了那小锤敲打吊球的声响。

吊球在老人一锤一锤的敲打中越荡越高,它拉动着那个铁架子"咚咚"作响,它的巨大威力强烈地震撼着在场的每一个人。终于场上爆发出一阵阵热烈的掌声,在掌声中,老人转过身来,慢慢地把那把小锤揣进兜里。

老人开口讲话了,他只说了一句话:在成功的道路上,你没有耐心去等待成功的到来,那么,你只好用一生的耐心去面对失败。

实际上,只要我们注意观察,就会吃惊地发现,那些生活在贫困线上的人才是真的有耐心,有吃苦耐劳的品质,他们正是以这种惊人的耐心忍受着不成功的现实和生活。

很多的人以为成功很难,成功要付出太多,成功会很痛苦,就不去想和追求。那是不是不成功就很舒服、很自在、很潇洒了?当然不是,事实上,不成功才真的更难。有的人不肯付出一时的努力去博取成功,去换取一生的幸福,却甘愿用尽一生的耐心去面对失败的痛苦。生活在贫困线上的人面对的是吃饭、挨冻、生存这样的大事,这是涉及生死存亡的大事,他们的心理压力会小么?他们甚至可以用健康、犯罪、甚至是生命去拼,只是为了换取生活中最基本的需要。他们付出的代价是巨大的,他们又何以轻松呢?

　　那些追逐成功的人,是为了获得更好的生活,更高的地位、更大的成就,就因为他们有梦想和肯于奋斗,他们不用去为生存本身发愁,他们时刻想着如何让以后变得更好。现在你还能说成功太累,成功太难这可笑的话么? 你是选择创造、追求成功的生活呢? 还是安于现状、不思进取、得过且过,当然,你有权力选择你要的生活。

魔力悄悄话

　　你可以不思成功,但你的生活并不会因此而轻松。你可以追逐成功,但要有耐心,你会因此而生活得更好。

不要一味地模仿别人

你可以模仿别人，但不可一味地进行模仿。不要活在别人的影子里，你就是你，不是别人的翻版。大踏步地向前走，留下属于自己的脚印，才能够活出真正的你自己。

走一条从来没有人走过的新路，总是比走别人已经走过的旧路要慢。因为，走新的路，通常要遇到更多的障碍，要面对更大的风险。看清楚眼前要走的路，特别是留意别人怎样走同样的路，一定有让你受益的地方，它让你避免重复别人已经走过的弯路；另外有一些路，很值得你跟着别人一起走，这会让你成功的机会更大，就像大雁互相依靠着飞行一样。也就是说，在某些时候，我们可以模仿别人，以便使自己尽早成功。

安东尼与美国陆军签订协议，帮助陆军进行射击训练。他成功地运用模仿创造了培训射击的奇迹。他找来两名神射手，并找出他们在心理及生理上的异人之处，建立正确的射击要领。随之对新手进行一天半的课程训练。

课后进行测试，所有人都及格，而列为最优等级的人数竟是以往平均达到人数的三倍多。

但一味地去模仿别人，很容易失去本来的自己。下面这个寓言故事就说明了这一点。

一只麻雀，总想学孔雀的样子。孔雀的步法是多么骄傲啊！孔雀高高地扬起头，抖开尾巴上美丽的羽毛，那开屏的样子是多么漂亮啊！"我也要像这个样子，"麻雀想，"那时候，所有的鸟赞美的一定会是我。"麻雀伸长脖子，抬起头深吸一口气让小胸脯鼓起来，伸开尾巴上的羽毛，也想来个"麻雀开屏"。

麻雀学着孔雀的步法前前后后地踱着方步。可这些做法，使麻雀感到十分吃力，脖子和脚都疼得不得了。最糟的是，其他的鸟——趾高气扬的黑乌鸦、时髦的金丝雀，还有蠢鸭子，全都嘲笑这只学孔雀的麻雀。不一会儿，麻雀就觉得受不了了。

"我不玩这个游戏了，"麻雀想，"我当孔雀也当够了，我还是当个麻雀吧!"但是，当麻雀还想象原来那个样子走路时，已经不行了。麻雀再没法子走了，除了一步一步地跳外，再没别的办法了。这就是为什么现在麻雀只会跳不会走的原因。

洛威尔说:"茫茫尘世，芸芸众生，每个人必然都会有一份适合他的工作。"在个人成功的经验之中，保持自我的本色及以自身的创造性去赢得一个新天地，是有意义的。

著名的威廉·詹姆斯，曾经谈过那些从来没有发现他们自己的人。他说一般人只发展了百分之十的潜在能力。"他具有各种各样的能力，却习惯性地不懂得怎么去利用。"

成功者走过的路，通常都不适合其他人跟着重新再走。在每个成功者的背后，都有自己独特的、不能为别人所仿效和重复的经历。

金·奥特雷刚出道之时，想要改掉他得克萨斯的乡音，为了像个城里的绅士，便自称为纽约人，结果大家都在背后耻笑。后来，他开始弹奏五弦琴，唱他的西部歌曲，开始了他那了不起的演艺生涯，成为全世界在电影和广播两方面最有名的西部歌星之一。

玛丽·玛格丽特·麦克布蕾刚刚进入广播界的时候，想做一个爱尔兰喜剧学员。

结果失败了。后来她发挥了她的本色，做一个从密苏里州来的、很平凡的乡下女孩子，结果成为纽约最受欢迎的广播明星。

憧憬力——病树前头万木春

卓别林开始拍电影的时候，那些电影导演都坚持要卓别林学当时非常有名的一个德国喜剧演员，可是卓别林直到创造出一套自己的表演方法之后，才开始成名。鲍勃·霍伯也有相同的经验，他多年来一直在演歌舞片，结果毫无成绩，一直到他发现自己的笑话本事之后，才成名起来。威尔·罗吉斯在一个杂耍团里，不说话光表演抛绳技术，继续了好多年，最后才发现他在讲幽默笑话上有特殊的天分，他开始在耍绳表演的时候说话，才获得成功。

魔力悄悄话

我们每个人的个性、形象、人格都有其相应的潜在的创造性，我们完全没有必要去一味嫉妒与猜测他人的优点。在每一个人的成功过程中，一定会在某个时候发现，羡慕是无知的，模仿也就意味着自杀。不论好坏，你都必须保持本色。

做个健康的快乐人

美国心理学家马斯洛对健康的快乐人是这样定义的："他们较少焦虑与仇视,较少需要别人的赞美与感情,他们具有真正的心理自由,他们超然于物外,泰然自若地保持平衡,他们对各人不幸也不像一般人那样反应强烈,他们具有集中注意的能力和不在乎外在环境的能力,表现出熟睡的本能和不受干扰的食欲,面对难题而谈笑风生。"简单地说就是:不以物喜,不以己悲,不怨天尤人,从容、坦然地面对一切。

自己对自己是喜欢还是讨厌,是衡量心理健康的又一条标准。心理健康不仅要求自己能如实了解自己,而且还要对自己愉快地接纳。悦纳自己不是说要宽容或欣赏自己的缺点和错误,而是说自己虽然有这样或那样的不足,但仍然喜欢自己、不憎恨自己、不欺骗自己,并设法使自己发展得更好。

事实上,一个人想要掩盖自己的不足是徒劳的。与其为此耗费精力,还不如发挥长处,改变不足。而只有悦纳自己,你才能看到自己的长处,也才能发现自己的不足。

悦纳自己,首先要坚持自己的特点,不为了别人的标准,或者所谓美的标准,而改变自己去迎合对方。

索菲亚·罗兰在电影界是一个响当当的名字,多数人都知道她曾荣获过奥斯卡最佳女演员奖,而她在 16 岁第一次拍电影时,遇到的麻烦却鲜有人知。

索菲亚·罗兰在第一次试镜头的时候,所有的摄影师都说她够不上美人的标准,都抱怨她的鼻子和臀部。没办法,导演卡洛只好把她叫到办公室，建议她把臀部减去一点儿，把鼻子缩短一点儿，假如她不整形，将是一个没有前程的演员。一般情况下，演员都对导演言听计从。可是，索菲亚·罗兰却没有听导演的，她相信自己，对自己有信心，认为这就是她自己的特色。

她回答道："我当然知道我的外形比起那些相貌出众，五官端正的女演员不算出色，甚至可以说有些弊病，但我觉得这些弊病组合在一起反而会让我更具魅力。我喜欢我的鼻子和脸本来的样子，虽说它们的确有些与众不同，但是，我为什么要追求与别人一样呢？至于我的臀部，的确有点大，但那也是我的一部分。我要保持我的本质，我不想因为别人的见地而转变自己。"

凭借这种无比强烈的自信和悦己精神，索菲亚·罗兰打动了导演，进而打动了全世界的影迷，经过努力终于成了与玛丽莲·梦露齐名的性感明星。

悦纳自己，就是要学会进行自我心理调适，以保持心理健康，从而真正了解、正确评价、乐于接受并喜欢自己。

悦纳自己，就是当自己在工作暂不顺心、效果不佳时，也能坦然地接受。不欺骗自己，更不鄙视自己。

悦纳自己，就是在遇到挫折时，经历失败后安慰自己、鼓励自己，跌倒了重新站起来，永远不会自暴自弃。

悦纳自己，就是尽量改善、改变不利于自己心理健康的客观环境，保持乐观心态。树立自信，建立心理优势，然后努力做好自己该做的事情，欣然地接受他人、友善地对待他人。面对人际关系、学习的压力、工作的不顺、家庭的琐事引起的紧张和疲劳，自己要学会微笑对待，相信一切会重新好起来而保持乐观心态。

一个人对自己应有客观分析，只有自己最了解自己，不要让缺点和弱点掩盖了自己的优点和长处。抹杀了自己的优势，聪明才智和潜在能力就无从发挥了。人只有爱自己，这个世界才会爱你。

悦纳自己，也要讨好自己。讨好自己是心理调节的一剂良药，它会让人在枯燥乏味的工作和生活中变得快乐、充实与自信。我们每个人都不是生活在真空里,事业上的挫折、人际关系的困扰、生活上的琐事、健康上的烦恼……多少都会摊上一两件,这些来自外界的影响和压力对我们来说都是不小的打击。如果我们不学会讨好自己,无法培养开朗、自信、乐观的心境去面对现实的话,不知道什么时候就会被这些影响和压力打垮。

魔力悄悄话

做人,很多时候比的是心态。即使我们一无所有,我们还有我们自己,因为自己是无价的。你把自己看作无价,这个世界才把你看作无价,这就是人高贵的一面。

成功是需要冒险精神的

巴菲特投资理念中重要的一条就是"尽量避免风险,保住本金",但并不是说巴菲特就反对冒险,而是说"尽量"避免而已,须知,投资本身就是很具冒险性的工作。在机遇来临时,如果无法避免风险,那就要有勇气冒险。

成功的机遇很可能会主动降临到我们每一个人头上,就看我们是否能把握住,而那些一定能成功的人则不是等待这种机遇降临在自己头上,而是自己去捕获机遇,冒险就是他们最好的工具。不要抱怨生活的不公平,机会是均等的,只是有的人有能力去抓,有的人不敢去抓,有的人甘愿与它失之交臂。那些成功者自然是捕捉机遇、创造机遇的高手,而且他们惯于在风险中猎获机遇!

机遇常与风险并肩而来。一些人看见风险便退避三舍,再好的机遇在他眼中都失去了魅力。这种人往往在机会来临之时踌躇不前,瞻前顾后,最终什么事也干不成。奥里森·马登虽然不赞成赌徒式的冒险,但他认为任何机会都有一定的风险性,因为怕风险就连机会也不要了,无异于因噎废食。最有希望的成功者并不都是才华出众的人,而是那些最善于利用每一时机去发掘开拓的人。他们在机会中看到风险,更在风险中逮住机遇。

J. P. 摩根诞生于美国康涅狄格州哈特福的一个富商家庭。摩根家族1600年前后从英格兰迁往美洲大陆。最初,摩根的祖父约瑟夫·摩根开了一家小小的咖啡馆,积累了一定资金后,又开了一家大旅馆,既炒股票,又参与保险业。摩根的父亲吉诺斯·S.摩根则以开菜店起家,后来他与银行家皮鲍狄合伙,专门经营债券和股票生意。

生活在传统的商人家族,经受着特殊的家庭氛围与商业熏陶,摩根年轻时便敢想敢做,颇富商业冒险和投机精神。1857年,摩根从德哥廷根大学毕业,进入邓肯商行工作。一次,他去古巴哈瓦那为商行采购鱼虾等海鲜归来,途径新奥尔良码头时,他下船在码头一带兜风,突然有一位陌生人从后面拍了拍他的肩膀:"先生,想买咖啡吗?我可以出半价。"

"半价?什么咖啡?"摩根疑惑地盯着陌生人。

陌生人马上自我介绍说:"我是一艘巴西货船船长,为一位美国商人运来一船咖啡,可是货到了,那位美国商人却已破产了。这船咖啡只好在此抛锚……先生!您如果买下,等于帮我一个大忙,我情愿半价出售。但有一条,必须现金交易。先生,我是看您像个生意人,才找您谈的。"

摩根跟着巴西船长一道看了看咖啡,成色还不错。一想到价钱如此便宜,摩根便毫不犹豫地决定以邓肯商行的名义买下这船咖啡。然后,他兴致勃勃地给邓肯发出电报,可邓肯的回电是:"不准擅用公司名义!立即撤销交易!"摩根对此非常生气,不过他又觉得自己确实太冒险了,邓肯商行毕竟不是他摩根家的。自此摩根便产生了一种强烈的愿望,那就是开自己的公司,做自己想做的生意。

摩根无奈之下,只好求助于在伦敦的父亲。吉诺斯回电同意儿子用自己伦敦公司的户头偿还挪用邓肯商行的欠款。摩根大为振奋,索性放手大干一番,在巴西船长的引荐之下,他又买下了其他船上的咖啡。摩根初出茅庐,做下如此一桩大买卖,不能说不是极大的冒险。但上帝偏偏对他情有独钟,就在他买下这批咖啡后不久,巴西便出现了严寒天气,一下子使咖啡大为减产。这样,咖啡价格暴涨,摩根便顺风迎时地大赚了一笔。

从咖啡交易中,吉诺斯认识到自己的儿子是个商业人才,便出了大部分资金为儿子办起摩根商行,供他施展经商的才能。摩根商行设在华尔街纽约证券交易所对面的一幢建筑物里,这个位置对摩根后来叱咤华尔街乃至左右世界风云起了不小的作用。这时已经是1862年,美国的南北战争正打得不可开交。林肯总统颁布了"第一号命令",实行了全军总动员,并下令陆海军对南方展开全面进攻。一天,克查姆——一位华尔街投资经纪人的儿子,摩根新结识的朋友,来与摩根闲聊。

"我父亲最近在华盛顿打听到,北军伤亡十分惨重!"克查姆神秘地告诉他的新朋友,"如果有人大量买进黄金,汇到伦敦去,肯定能大赚一笔。"

对经商极其敏感的摩根立时心动,提出与克查姆合伙做这笔生意。克查姆自然跃跃欲试,他把自己的计划告诉摩根:"我们先同皮鲍狄先生打个招呼,通过他的公司和你的商行共同付款的方式,购买四五百万美元的黄金——当然要秘密进行;然后,将买到的黄金一半汇到伦敦,交给皮鲍狄,剩下一半我们留着。一旦皮鲍狄将黄金汇款之事泄露出去,而政府军又战败时,黄金价格肯定会暴涨;到那时,我们就堂而皇之地抛售手中的黄金,肯定会大赚一笔!"摩根迅速地盘算了这笔生意的风险程度,爽快地答应了克查姆。一切按计划行事,正如他们所料,秘密收购黄金的事因汇兑大宗款项走漏了风声,社会上流传着大亨皮鲍狄购置大笔黄金的消息,"黄金非涨价不可"的舆论四处传播。于是,很快形成了争购黄金的风潮。由于这么一抢购,金价飞涨,摩根一瞅火候已到,迅速抛售了手中所有的黄金,趁混乱之机又狠赚了一笔。这时的摩根虽然年仅 26 岁,但他那闪烁着蓝色光芒的大眼睛,看上去令人觉得深不可测;再加上短粗的浓眉、胡须,会让人感觉到他是一个深思熟虑、老谋深算的人。

此后的一百多年间,摩根家族的后代都秉承了先祖的遗传,不断地冒险,不断地投机,不断地暴敛财富,终于打造了一个实力强大的摩根帝国。

做人要想成就一番大事业,取得一番大成功,就要把胆子放大,在不违背社会道德和法律制度的前提下,去冒最大的险。你不得不为成功而冒险,正如你必须为失败而冒险一样。所以说,要想成功,你就要敢于冒险,并且敢冒最大的险。

魔力悄悄话

在某种程度上,生活是一场博弈。敢冒最大的风险的人,在商场才能赚得最多的钱,在事业上才能取得最大的成功,才可能实现人生的最大价值。

利用商机,到达成功的彼岸

世界上任何危机都蕴含着商机,且危机愈重商机愈大,这是一条颠扑不破的商业真理。

危机是什么,危机就是危险和机遇。经营企业是充满风险的,事事如意,样样顺心的情况是罕见的。事实上,逆境多于顺境,失败、挫折、打击和危机,常常伴随着企业的成长。但利用得好,风险也是机遇。

巴菲特从市场危机中获益的例子不少。这里来看他的一个具有代表意义的投资案例。

在美国西岸,有一家财力雄厚、营运良好也最保守的银行,就是全美排行第七大的银行威尔斯·法哥。在1990年和1991年,由于房地产的不景气,威尔斯银行在不动产放贷业务上出现13亿美元的账面损失,相当于每股净值53美元中的25美元。所谓账面损失,并不一定代表这些损失已经出现或者将来会发生,而是表示银行必须从净值里提存这笔金额,作为应付将来损失发生时的准备金。也就是说,万一这些损失已确定发生,就必须从每股净值中取出25美元来弥补,所以该银行的净值会从每股53美元减少为每股28美元。为了提存这些损失准备,几乎把该银行在1991年的盈余全数耗尽,导致当年该银行的净利只有2100万美元,约为每股盈余0.04美元。

因为威尔斯·法哥在1991年没有赚到多少钱,所以市场上立即对该银行的股价做出反应,从每股86美元跌到每股41.30美元,跌幅52%左右。巴菲特却即时买进该公司10%的股份,约500万股,平均价格每股57.80美元。

憧憬力——病树前头万木春

巴菲特通过分析认为，威尔斯·法哥银行绝对是全美经营良好、获利最佳的银行之一，但是该银行未上市，市场的股价却远低于那些和威尔斯·法哥并列同级的银行。在加州有很多居民、企业和许多其他的中小型银行，而威尔斯·法哥所扮演的角色，就是和其他的大型银行竞争，提供给上述居民、企业相关的金融服务，如存款、汽车贷款、房屋贷款等，或是对其他中小型银行做资金融通，通过以上的服务来赚取收入。

威尔斯·法哥银行所遭受的损失并不如预期的那般严重。到了7年后的1997年，其股价已经上涨到每股270美元。巴菲特的这项投资，得到的是约24.6%的税前复利回报率。

总之，在巴菲特看来，如果已经证实某家企业具有运营良好或者消费独占的特性，甚或两者兼具，就可以预期该企业一定可以在经济不景气的状况下生存下去，一旦渡过这个时期，将来的运营表现一定比过去更好。经济不景气对那些经营体质脆弱的企业是最难挨的考验，但经营良好的企业，在这场淘汰赛中，一旦情势有所改观，将会展现强者恒强的态势，并扩大原有的市场占有率。

魔力悄悄话

事实上，不仅是投资，做任何事都是如此，尤其是对于创业者来说，更是会经常性地遭遇危机，这就要求你具有巧渡危机的智慧，不但要善于应对危机，化险为夷，还要能在危机中寻求商机，趁"危"夺"机"。

机遇偏爱有准备和有理想的人

捕获机会的愿望，人皆有之，但是在生活中，并不是每个人都能获得机会，这又是什么原因呢？

巴菲特认为，原因就在于对机会两大特征的认识与掌握。机会的两大特点：一、具有鲜明的瞬时性，即稍纵即逝；二是倾向性，它垂青"有准备的头脑"，在于对机会是否有执着追求的精神。

机会是客观存在的，但它不仅仅是客观事物所提供的条件，或者已具备的某种环境。机会是主观灵感与客观可变环境的偶合，这两个条件缺一不可。

在相同的环境里，有的人能够获得机会而有的人则不能，其区别就在于后者没有与环境偶合的灵感。

反过来，很多富有灵感的人，如果没有相应的环境，那也是不可能诱发有创意的机会来。

人们可能知道莫尔斯发明了电报，但是恐怕很少有人知道他如何走上这一发明道路的。

莫尔斯发明电报完全是源于一种机会，这种机会成了他一生的转折点，也使他获得了巨大的荣誉。

原来，莫尔斯是学习美术的，后来成了蜚声全美的杰出画家，24岁就担任了美国全国美术协会主席。

莫尔斯到欧洲各国漫游作画，他为欧洲的科学技术成果而振奋。

数年之后，他乘"萨丽"号邮轮由法国返回纽约。

莫尔斯正处于艺术的巅峰，名誉、桂冠、巨酬、赞美等纷至沓来，而他并没有为此而陶醉。

他反复思忖着:"难道这就是自己的终极境界? 科学不也是一种高超的非凡的艺术吗?"

一种追求科学发明的欲望,在莫尔斯心里倏地萌动起来了!

那时,有一个名叫杰克逊的爱好无线电的医生正在船上餐厅里,向乘客讲解一台电磁铁新器件的功能。

最后,他振臂高呼:"科学就要创造新的奇迹,人们的生活将为之大大改观!"莫尔斯就是杰克逊的听众之一,他被杰克逊的演讲所激励。

突然,莫尔斯转过身去面向无垠的大海,并高声呼喊道:"我要告别艺术,我将要发明电报!"

莫尔斯在船上的旅行和杰克逊的学说是一种可变的环境,它与莫尔斯意欲追求科学发明的灵感相结合,于是形成了发明电报的机会。

莫尔斯不仅如此说,而且很快地投入到了发明电报的实验之中。

他没有留恋鲜花铺满的大道,而是选择了一条荆棘丛生的峭壁,迈进了一个完全陌生的研究领域,困难是可想而知的。

他对电子和机械知识几乎是一无所知,但是,凭借着对科学发明的坚贞不渝的追求,他终于获得了发明电报的机会。

1844 年 5 月 24 日,他在华盛顿举行了一次伟大的电报传递试验,并获得了完全的成功。这是震惊世界的巨大成就,正像杰克逊在"萨丽"号船上所说,"人们的生活将为之大大地改观!"

毫无疑问,在莫尔斯发明电报中,杰克逊起到了启蒙老师的作用。

原因就在于:莫尔斯是科学发明的有心人,他从杰克逊的讲话中激发了发明电报的灵感,捕捉到了发明的机会,并坚定不移地走到底,功夫不负有心人,激动人心的时刻终于到来了,至今冠有莫尔斯名字的电报仍传遍世界各地。

纵观因捕获机会而走上金领之路的人,无不要受到机会的"审查","她"每接待一个来访者,总是要先看"介绍信",然后才确定是否保持"关系"。也就是说,要想碰上好运气,无后门可走,首先得写好自己的"介绍信"。很多有诚意的人都十分重视并愿意做到这一点。

拿出自己的"介绍信",创造机会,成就大事业。

德国青年费希特想拜当时著名的哲学家康德为师,以求得他的指导,并打算深入地钻研康德哲学。

哪知道,当费希特满怀希望去拜见康德时,康德却异常冷漠,拒绝了他。

费希特并不灰心,也不怨天尤人,而是从自己身上找原因,心想,我没有成果,两手空空,人家当然怕打搅啰!我为什么不拿出成果来呢?

于是他埋头苦学,完成了一篇《天启的批判》的论文,呈献给康德,并附上一封信。

信中说:

"我是为了拜见自己最崇拜的大哲学家而来的,但仔细一想,我对本身是否有这种资格都未审慎考虑,感到万分抱歉。虽然我也可以索求其他名人函介,但我决心毛遂自荐,这篇论文就是我自己的介绍信。"

康德细读了费希特的论文,不禁拍案叫绝。他为其才华和独特的求学方式所震动,便决定"录取"费希特,亲笔写一封热情洋溢的回信,邀请费希特来一起探讨哲理。

由此,费希特获得了成功的机会,后来成为德国著名的教育家和哲学家。

当年法拉第在书店当装订工时,也不是坐等机会光临的。

当时,英国皇家学会每个星期都要举办科学讲演——戴维的讲演,法拉第从来未放过一次,都能听懂,并把所讲的内容全部记录下来,回到家后又进行认真的研究,随后再将戴维的演讲整理成册。

1813 年,法拉第给戴维写了一封请求收留自己当助手的信,并将整理的笔记一同寄给了戴维。

戴维从笔记中发现了这个 22 岁青年的非凡才能,决定推荐他到皇家科学院当实验助理员的。

费希特得以成为康德的学生,法拉第得以成为戴维的助手,这难得的

憧憬力——病树前头万木春

机会是哪里来的呢？

一言以蔽之，是他们自己填写的"介绍信"争取来的。

拿出自己的"介绍信"，总会有机会光临，总会有伯乐赏识，只不过在时间上有早晚，形式上有不同罢了。

瑞典科学家阿列纽斯于1882年在瑞典科学院物理学家爱德龙德的指导下，进行了测定电解质导电率的研究工作。

他把测定结果写成一篇博士论文寄给母校乌普沙拉大学，由于该校学位评议委员会的成员们还不理解论文的深刻意义，因而将其错误地评为四等。

"四等"就意味着参加博士考试的失败，但是，阿列纽斯在挫折面前没有退却，没有消沉，他将这篇落选的博士论文和一封附信一起寄给德国加里工学院物理化学家奥斯特瓦尔德。

奥斯特瓦尔德仔细地阅读了论文和来信后，被深深地打动了，连呼"真了不起"。

1884年8月，他亲自去瑞典拜访了阿列纽斯，对那篇落选的论文给予高度的评价，并代表加里工学院授予他博士学位。

阿列纽斯在此基础上继续努力，1903年因这一成就获得了诺贝尔奖。

由此可见，我们要想获得成大事的机会，就应具有真才实学，认真填好自己的"介绍信"，用自己的实际行动去创造机会，一旦有了机会，便可以驾长风而破万里浪。

魔力悄悄话

不要把自己无所作为归咎于没有机会，也不要自以为才华盖世而埋怨不遇良机。机会是人人有份的，但它并不是无私地给予每一个人，机会偏爱那些有准备的头脑，机会只垂青那些懂得怎样追求它的人。

第三章
让心里充满憧憬

　　毫无疑问,知识与技术是重要的。然而,对于憧憬来说,智力是必要条件,但还不是充分条件。所谓充分条件,就是使智力变成果的行动力。构成其行动力的主要因素,是毅力、体力和速力。

　　有人一起床就开始唉声叹气,感慨命运不公,感慨岁月流失,抱怨生活艰辛。感觉把整个人生都看透了,太没有意义了。事实上,人生是一个看不透的谜,一辈子揭不开谜底反而让生活变得更精彩了。如果你知道将来某一天你会死去,每天活在恐怖的倒计时里,人生还有乐趣吗?

憧憬是一种角度

虽然每个人的一生注定要跋涉,但千万不能停止对快乐的追求。快乐并不是只在成功的日子才能享有,只要你心态积极,你就会发现生活中随时随地都荡漾着快乐的光芒。

一个乐观的人总能找出自己快乐的钥匙,即便周遭不能使他快乐,他也能把快乐带给周遭,和这样的人在一起,是一种享受。拥有一把快乐的钥匙,及时享受身边的快乐、当下的快乐,这样就可以看到内心之外的精彩世界,才能真正理解生活的真谛,这样的生活才是真正快乐的生活。

快乐是一种角度。一个人的生命旅途犹如一次长途跋涉。跋涉中总会经历风雨的洗礼,荆棘的磨炼;只想走直路,不会转换角度、改变方向的人,永远登不上人生的制高点。遭遇了痛苦却不放弃对快乐的寻找,经历了苦难却不放弃对幸福的追求,只有这样,人生才会柳暗花明、风景无限。正所谓"横看成岭侧成峰",站在不同的角度,才能欣赏到不同的风景,而不同的心胸,就会有不一样的人生。

生活中所谓的快乐与否,大都取决于一个人的心态。是否在用心感受世界,能不能正确审视一切,客观评价自己所处的境况,决定了自我感受的快乐与否。

有三个信佛的人,想不通为什么信佛多年,却并不觉得快乐,便结伴来找附近的一位禅师。当时,禅师正在院子里锄草。他们三人便迎面走过来向他施礼,说道:"大师,我们都是你的忠实信徒,日日拜佛,天天念经。人们都说信佛能够解除人生的痛苦,但我们怎么感觉不到快乐呢?"禅师放下锄头,安详地看着他们说:"想快乐并不难,我先问你们认为什么才是快乐呢?"三位信徒你看看我,我看看你,都没料到禅师会向他们提出问题。

过了片刻,甲说:"我认为当然是有了名誉,就能快乐。人活着就要追求名誉,处处受人尊敬和赞美,生前风光,那才快乐,反正死后什么也不知道了。所以,趁现在好好活着,得到自己想得到的名利就是快乐。但我有了名誉,自己却不能决定自己了。没一天没有电话骚扰,不去又怕别人说名气不大脾气大,整天神经紧张。"乙说:"我认为有了金钱,就有快乐。我不挣钱,一家老小没法生活,所以我总想挣更多的钱,于是整日忙碌。现在我是全乡最富有的,却落了个骨质增生,不但干不了重活,甚至吃饭时手都端不住碗。"丙说:"我没他们二位的理想和奢望,只是想每天都必须好好活着。我现在拼命地劳动,就是为了老了的时候和老伴一起坐在热乎乎的炕上,喝着小酒,享受到粮食满仓、子孙满堂的生活,这就足矣。否则老了靠谁养活我们呢?"禅师笑着说:"怪不得你们得不到快乐,你们一个想到的是活着的风光死后不能再被人看到,一个想到的是被迫劳动,一个想到的是年老,这样的生活当然是很疲劳、很累的了。"信徒们说:"那你说怎样才能快乐?"禅师什么也没说,只是领他们去欣赏了一场音乐会。在剧院交响乐时而凝重低缓,时而明快热烈,时而浓云蔽日,时而云开雾散。有个人惊喜地拉着身边的人说,我看见了,看见了山川,看见了花草,看见了光明的世界和七彩的人生。走出剧院后,他们发现演员和观众都是盲人。从心理学的角度上说,快乐,是一种对事物的获得或者观察后产生满意与愉悦、幸福的心理反应和行为表现。在现实生活中,快乐,不仅在于你要用心去感受它,更在于你从哪个角度去欣赏它,从哪个角度去善待它。

"苦乐无二境,迷悟非两心。"人生悲喜多少事,快乐和痛苦,常常是一体的两面;但一念之间的转换,体悟角度的不同,就呈现出近乎迥异的世界。

然而,对待快乐人们习惯使用减法,对待痛苦却用加法,其实我们完全可以用乘法来使快乐翻倍,用除法来消除痛苦。生活中常有痛苦的荆棘和不幸的泥潭,快乐只在于一种角度。遇到不幸时,换一个角度看。用欣喜的心情看,世界风和日丽,用悲凉的眼睛看,世界可能只剩下愁云惨雾。从山上看树,树很小,从地上看树,树就很高。由此可见,快乐是一种角度。

一个拥有万贯家财的富人因为车祸,一夜之间失去了至亲至爱的人。突然降临的灾难,让他没有了叱咤风云的干练和运筹帷幄的智慧,他夜夜不能入眠,在窗户边呼唤着他的母亲、妻子和他最最疼爱的女儿。甚至他失去了求生的欲望,一次又一次想要到天国寻找他的亲人。

一次偶然,他走到了一所孤儿院,看着那些来到世上不久就失去亲人的孩子,看着那些虽然失去亲人却依旧在阳光下露出的笑脸。他突然觉得,和那些孩子相比,他也许还是幸运的,因为至少他曾经享受过母亲的关怀、妻子的关心、孩子的爱戴;至少他心中留着许许多多这些孩子永远不可期冀的回忆。就在一刹那,他仿佛看到女儿在冲他甜甜地笑,……

从此,他脸上重新有了笑容,并且资助了许许多多的孤儿,成了许许多多孩子的"父亲"。他和那些孩子们一起唱歌、一块儿做游戏,幸福地听着那些孩子喊他"爸爸"。一年后面对媒体采访,他只说了一句话:其实我只是换了个角度看待我的这场灾难。同那些孤儿相比,我依然是幸运的。他的话让很多人感慨不已。想一想,如果当年他一味沉浸在悲痛中,他仍然找不回他失去的亲人,甚至会失去更多;他重新振作了,不但得到了充实的生活,还有孩子们的尊敬和爱戴。

换个角度看人生是一种明智的选择。当你面对缺憾心中愁苦时,就迈动智慧的双脚走一走,换个角度,也许会顿感柳暗花明。

荆棘划伤了手指,可幸运的是没有伤着眼睛;登山时不小心,金项链落下了悬崖,可幸运的是没危及性命。这些不幸之中的大幸,只要仔细去品味,就能够轻易拨动你快乐的心弦。当你如蜗牛般前行时,可能因为缓慢的脚步而烦躁,但换个角度看,你因此却闻到花香、听到虫鸣,欣赏到了沿途美景。

当你因疏忽而失败后,你可能因遭遇挫折而一蹶不振,但换个角度看,你却因此而得到了砥砺,再遇到困难一定会变得更坚强。

当你送走满座高朋时,可能因为宴席易散而感伤,但换个角度看,这至少表明你的生活中有很多值得倾心交往的朋友。

同一个太阳,有旭日的光彩,也有夕阳的映照。换种心态看人生,可以得到更多的愉悦;换个立场看人,可以更宽容地处世;换个角度思考,可以使问题变简单。

转换角度,才能笑看人生悲喜。多一些纯粹和简单,少一分世故与猜疑;多一些豁达和洒脱,少一分埋怨与指责,这样就会有一颗快乐的心,这样的生活才是真正快乐的生活。

魔力悄悄话

换个角度看人生,也许所有的苦难都是幸福设置的关卡,所有的悲伤都是快乐眷恋你的借口,所有的失败都是成功在对你做最幽默的考验。换个角度看人生,你会发现,其实人生路途处处皆风景,快乐时时相伴随。

憧憬的前提是愉快地接纳自己

孔子说："君子坦荡荡，小人长戚戚。"从心理健康的观点看，就是君子能自我悦纳，因此心情开朗；而小人不能正确评价自己，故总是自苦、自危、自惭、自卑、自惑，以至自毁。悦纳自己是一种心理状态，与客观环境、本人条件并不完全相关。有些人虽然有生理缺陷，却很乐观；有些人虽然五官端正，却并不欢喜自己；有些人虽然并不富裕，却知足常乐；有些人虽然有钱有势，却并无快意。

健康的心理要求一个人对自己要保持一种接纳的态度，而且要愉快而满意地接纳自己。也就是说，人对自己的一切，不但要充分地了解、正确地认识，而且还要坦然地承认、欣然地接受。不要欺骗自己、拒绝自己，更不要憎恨自己。然而多数人对自己的认识并不是一种绝对准确的概念，它本身就带有一种情感和态度，伴有自我评价的因素，即对自己是否满意。

其实每个人都有优点和弱点，但有人发现自己的弱点和缺陷后，就当包袱背起来，老是挂在心上，连自己的优点和长处也看不到了。于是自己的精神优势就被缺点、弱点所压垮，自己的聪明才智、潜在能力就无从发挥。

传说，有一只青蛙，对自己四条腿用力、一蹦一跳的走路方式极为不满，于是不停地到河边寺庙中去拜佛许愿，祈求佛祖让它能像人那样两腿直立行走。

年复一年，青蛙的诚意终于打动了神灵。青蛙的愿望实现了，它想这下可以又高级又潇洒地走路了，多幸福啊！

它迫不及待地迈开两条长腿，骄傲地走了起来。可是它的眼睛却只能

憧憬力——病树前头万木春

望见后面，腿往前走，眼往后看，莫名其妙地离河边越来越远，再也无法捕捉到食物，终于饥渴难耐死掉了。

其实，大自然在创造每个物种的时候，都给了它们别的物种无法替代的天赋。盲目地追求不适合自己的东西，到头来只能适得其反。做人也一样，合适的就是快乐的。只要愉快接纳自己，谁都能拥有快乐。

世界上本没有完美的人，不论优点还是缺点，我们都应该快乐接受自己。因为适合自己的就是快乐的。接受自己，欣赏自己，你会感受到命运的公正无私，你会体味前景中的幸福快乐，接受自己，欣赏自己，本身就是对生命负责。那样，你的人生随时都会荡起快乐的涟漪。

一位秃顶的将军参加一次宴会时，身边的侍者由于紧张，把手中的酒杯倒在了他的光头上。侍者吓得大气不敢出，那位将军却自嘲地说："老弟，你以为这种办法能治疗秃头吗？"宴会上的人都被逗笑了，一时紧张的气氛得到了缓和。

某喜剧大师去找心理医生求诊，说他不快乐。心理医生说："你是赫赫有名的喜剧大师，无数观众被你逗得前仰后合，您不快乐谁快乐？"喜剧大师说："那只是我的工作，观众是快乐的，但我不快乐。"颇具声望的心理医生听后疑惑不解，他弄不清楚快乐的制造者却不快乐，于是也开始忧郁。

喜剧大师听说后说："你治好了许多人的抑郁症，为什么自己不快乐呢？"心理医生说："那只是我的职业。快乐是他们的，我不快乐。"一天，他们共同去公共浴池。那里有一位搓背工人，看见他们问："搓背吗？"喜剧大师说："不用，谢谢。"搓背工说："老熟人了，可以少收钱。"喜剧大师依然摇摇头。

搓背工真挚地问："不要钱给你搓，可以吗？"心理医生惊讶地问："那你图什么？图评个先进工作者？"搓背工说，工作本身不就是快乐吗？这个工作我干挺合适，我也很感激能拥有一份工作。只要能让我全心全意地工作，我就充实、快乐。

　　心理医生和喜剧大师听后目瞪口呆，原来他们思考的重心需要改变。总想着工作是为别人奉献，为什么没想到工作本身就是适合自己的呢？到头来，自己也丢失了自己的快乐。

　　现实生活中，有很多青年才俊，他们有光鲜的外表、卓越的学识、和谐的家庭，但他们往往困惑失落，为现实与他们的期望值之间的差距而痛苦，他们大都个性独立、要强、追求完美，而令他们不快的主要原因就是不能很好地接纳自己。

　　不能接纳自己，是阻碍自己改变和成长的最大阻力，也是许许多多心理问题产生的根本原因。那么如何做到愉悦地接纳自己呢？

　　(1)站到自己这一边。不管自己有多少缺点，做过什么出格的事情，从现在开始，停止自责，不要再对自己吹毛求疵、妄自菲薄，要勇敢接受自己的所作所为，维护个体生命的尊严和价值，尊重自己生命的独特性。

　　(2)原谅自己。人无完人，谁都避免不了犯错，关键是知错能改，并采取相应的措施，弥补错误造成的损失，更重要的是要时时提醒自己，不要被同一块石头绊倒两次。

　　(3)跟自己做朋友。人们总喜欢关注名人，现如今不管哪个圈子里的名人，身后都会有一大批粉丝，人们在潜意识中不自觉地认为，只有具备某种条件的人，才有被关注的资格，比如外表出众、才智过人等等，因此那些不具备这些条件的人，也习惯于用名人的标准苛求自己，如果相形见绌，就会自卑，看不起自己。其实每个人都有优缺点，只是关注的角度不同而已。所以我们要学会跟自己做朋友，无条件地接受自己，这样才会自信，才会快乐。

　　(4)积极面对自己的负面情绪。天有阴晴雨雪，人有喜怒哀乐。人生不会一帆风顺，人们产生负面情绪是很正常的，关键是如何面对自己的负面情绪。面对同样一个问题，不同的心态会有不同的结果，在积极的心态面前，失败是成功之母，而在消极心态面前，失败就是世界末日。

　　既然消极情绪不可避免，那就选择积极面对。首先要接受事实，然后关注它，分析它，最后找出建设性的解决方案，问题就会迎刃而解，随之而来的也将是自己某一方面能力的提升。

（5）正确对待自己的弱项。尺有所短，寸有所长。每个人都有自己的优势和弱项。如果一个人无法容忍自己的弱项，那么，就很难接纳自己，同时他的发展空间也会受到极大限制。其实正因为人们的不完美，我们的生活才更有意义。首先，我们清楚自己的弱项，就不会妄自尊大，目中无人，并为弥补自己的弱项而积极努力。其次，接受自己的弱项，就不会因为自己的不足而沮丧，集中精力发掘自己的强项，扬长避短，为自己开拓广阔的发展空间。

（6）接纳他人。要想接纳他人，首先要接纳自己，只有能够容忍自己的人，才有可能容忍他人。要想扮演成功的社会角色，就必须学会与人合作，如果无法接受别人，就不可能有默契的合作。同时尊重别人接纳别人，也会得到别人的积极回应。只有得到他人的接纳，我们才会真正体会到自己的尊严和价值，才会真正接纳自己。

魔力悄悄话

接纳别人首先应该学会倾听，让对方感觉自己的诚意，这是对别人最起码的尊重。其次，学会欣赏别人，迅速而准确地发现别人的优点，并及时表达出来，这是迅速赢得别人好感的捷径。

不悦纳自己就无法快乐

快乐的规律并不是说只要悦纳自己就能绝对快乐,而是说不悦纳自己就无法快乐。自卑的人替自己设置了许多心理障碍,正是这些障碍阻挡了他们原本简单的快乐。因而,第一重要的是要悦纳自己,对自己要做出肯定的评价,从而充分发挥自己的优势和长处,那么我们的心灵随时随地都会绽放最美丽的快乐之花。

乐天超物,学会给心灵松绑人之心田如同居室房间,有开阔狭仄之分,有烦闷宜人之别,因此需要经常整理,清扫,取舍,不要给自己建造烦恼与痛苦的牢笼,不要积存浮华与虚荣的负担。若要让内心永远散发快乐的芳香,就要经常耕耘自己的心田,除去昨日的杂草,清理积压的污染物,要学会给心灵松绑,让心田纯正,永远保持清爽愉悦的气息,方可气平神清,快乐无限。

琮在工作之余,参加某大学的培训课。课堂上,教授问:什么是你们心目中的人生美事? 同学们不假思索地争先恐后地说:健康、才能、美丽、爱情、名誉、财富……

教授不以为然地摇着头,说:"你们忽略了最重要的一项。没有它,即使得到上述种种也会给你带来可怕的痛苦。"接着,教授在黑板上写下:给心灵松绑,还心灵一条自由通道。

当时,琮和其他同学一样曾怀疑这几个字是否真的如此雷霆万钧。终于,几年来的生活让琮感觉到:心灵的自由,是全然不蹈人旧辙、用自己的心灵去感受的一种超然的境界! 真正感觉到其中的真意,是琮的一次郊游。

周末,她到远郊的山林去散心。低头走着的她,突然觉得路旁草丛中有什么东西在闪。于是她蹲下拨开草丛,原来杂草丛中有一朵悄悄开放的叫不出名字的小花。想不到在杂草掩盖中还有悠然绽放的别致,琮爱惜地凑近闻闻,竟散发出一股淡淡的幽香。在无人记起的角落,这样被清风所牵,月影所照,怡然自得地开放着,不管人们是否看见,也不管阳光雨露是否惦念,都是一副悠闲自得的模样。琮看得出了神,几乎忘了自己还独自在山中。

返回途中已是夜色浓郁,她心中还飘散着那朵小花的清香。回味着山中人们那从容安详、超然物外的气度神态,她想他们那种超物乐天的幸福别人也无法领会和享受,那种心灵的自由自在,不就是清风月明之下不经意发出的一股人生的香味吗?

此后,她才真正理解了为什么才华横溢的教授抛却繁多的名誉和春风得意的仕途经济,唯独选择心灵的自由作为人间最美好的事。

"把尘世的礼物堆积到愚人的脚下吧,请赐给我不受烦扰的心灵!"的确,超物乐天,给心灵一条自由通道,这是命运之神对特别眷恋的人们的最高奖赏!

超物就是淡泊。淡泊者,快乐者。自古至今,能够做到淡泊,并把其当做自己一生操守的人,他们的精神,大都为世人所称道。

当代的杰出文史大家钱钟书先生,学贯中西、博古通今,在世时曾以《围城》《管锥编》《谈艺录》《槐聚诗存》等著作享誉中外。当时,据说杂文家舒展先生称他为"文化昆仑"。但他坚决反对并说:"昆仑山把我压扁压死了。"他谢绝一切名誉,也看淡钱财,并幽默地说:"我姓钱,所以不太对它顶礼膜拜。"只是一味埋头专心做学问,这不正是他淡泊名利精神的体现吗?学会给心灵松绑,摈弃浮华的虚荣之心,淡泊名利,就是给心灵一条自由通道,就能乐天超物,找回最纯真的快乐。

现代人生活在节奏越来越快的年代,有着太多的压力,太多的诱惑,太多的欲望,也有太多的苦痛。一个人要以清醒的心智和从容的步履走过岁月,就不能缺少乐天超物的淡泊心态。

古人云:"淡泊以明志"。其意是说要远离名利,恬淡寡欲,保持一种宁静自然的心态,不追求虚妄之事,修养品行。这是一种美好的境界。

在紧张忙碌的生活中,在人生漫长的旅途中,每个人都有身心疲惫的时候,每个人都需要不断给心灵松绑,以憩息身心。因为一个发条上得十足的钟表不会走得太久,一丝绷得过紧的琴弦往往容易断,当我们感到疲惫的时候,请让自己稍做停留,扔掉身上的虚荣浮华和心头的无谓负担,不要一路上背着沉重的心理包袱,不断的焦虑、恐惧、愤懑、后悔……

从昨天的风雨里走来,每个人都会有这样那样的际遇,适时的调整自己,给自己的心灵松松绑,放下过去的一切,不管是美好的成就,还是令人不快的过往,然后,你才能带着一颗快乐的心开始自己新的旅程。

超物乐天,心存淡泊,就能对人对事平和、豁达,不做世间功利的奴隶,不为凡尘中烦恼所左右,使自己的人生不断得以升华,做到"太行摧而不瞬,盛夏流金而不炎";从而给心灵一条自由通道,获得心灵的充实、丰富、自由、纯净,回归到本真状态,打开人生快乐幸福之门。相反,世上的名利财物,就是永不停息、永无止境地去追求和索取,也不会有满足的时候,它还可能会给你带来无尽的坎坷和烦恼。

魔力悄悄话

抱怨不好,是因为不知道还有更坏的生活。就像浩瀚的大海,有时风平浪静,有时惊涛骇浪;生活就像四季,有时和风徐徐,有时狂风暴雨。人的一生,谁都会遇到许多困难和挫折,但我们一般人无论自己碰到的困苦是多么微小,总是以为自己是到了万劫不复的境地,似乎自己已经是世界上最不幸最痛苦的人!难道厄运真的把我们丢进无底的深渊?我们还有没有勇气直面痛苦,用自己还可以思考的大脑开始一种新生活,重建自己快乐的生命乐园?

给自己一份快乐的希望

上天就像精明的生意人,给你一份快乐,就搭配几倍于快乐的苦难。而苦难正是快乐最好的向导,当然,你必须首先学会停止抱怨,相较于别人更离奇的境遇,我们是否更应该加快奋进的脚步,更应该珍惜当下的快乐呢? 毕竟,只有会痛的心田才能拥有并享受真正的快乐!

有一万条苦闷的理由,也要有一颗快乐的心。人生尽管充满种种意外,或被客观的环境所困,或因丧失自己一直引以为豪的优势,但不论面临哪种困境,都要有一颗快乐的心,坚信困境中正是激发自己其他方面发展起来的契机。只要能保持镇定乐观的心态,不被悲伤压倒,那么所有苦闷的理由都仅仅是快乐的前奏。

只收藏生活中美好的部分,是一个人明智和豁达的表现。个性乐观者能够淡定地看待生活的起伏,因为一颗快乐的心就能够将所有的烦恼和苦闷幻化成生活的多彩滋味,给自己一份愉悦,送别人一份轻松。

一位对生活极度厌倦的绝望少女,感觉到自己生活的环境糟透了:到处是垃圾和没有多少人烟的荒凉,唯一的建筑地里的工人也都是没多少文化的,晚上他们回来乱哄哄的。她每天的心情都很郁闷。她的邻居是个画家,每天去湖边作画。

一天,她在湖边遇到了这位正在写生的画家,便在闲聊中说起了她的烦闷。

画家似乎注意到了少女的存在和情绪,他依然专心致志神情怡然地做着画。一会儿他说:"姑娘,来看看画吧。"少女心想:住在那样糟糕的环境里,还有心情画出美丽的画。她走过去,满不在乎地看了一眼画家和画家手里的画。

少女被吸引了。她真的没发现过世界上还有那样美丽的画面——他将垃圾场画成了美丽的公园,将荒凉的秃山画成了依山而建的别墅。最妙的是,建筑工人一手拿6个馒头,蹲在墙角,一脸稚气地笑着;湖边还有个雕塑,是那个建筑工人的孩子在妈妈的怀里微笑。良久,画家突然挥笔在这幅美丽的画上点了一些黑点,少女惊喜地说,花瓣!

画家最后将这幅画命名为《生活》。少女感到心里像放下一块大石头一样轻松,心灵也随那袅袅婀娜的云升上天空……她问画家:"你是怎么画出来的?"画家笑着说:"我每天只记住生活中美好的。你难道没发现身边的美丽? 这里是即将建成的大型生态园。身边的建筑工人今天填土,明天绿化,不就是美好生活的建设者吗? 用心只记这些美好的,生活不就是充满希望和快乐了吗?"人生不如意,十之有七八。决定幸与不幸、快乐与痛苦的,不是我们的处境,而是我们的心态。不管发生了多么令人不愉快的事情,都要保持阳光心态,勇敢面对,与生活讲和。可以说,生活中的忧愁和快乐在于自己的选择,只在心里记住生活中美好的部分,日子就是温暖和快乐的,自己就会永远生活在春天里。即使有一万条苦闷的理由,也要有一颗快乐的心,接受事实、享受事实,同时善待自己、善待别人。

古代,在一个村庄里,或许是天灾人祸所至,村民们不论大小都浮躁不安,闷闷不乐。今天打架,明天骂街,辈分高的族长为此很烦闷。

一天,他不知从哪里得知终南山一带生长一种快乐藤,凡得此藤者,皆喜形于色,终日不知烦恼,于是,便挂着拐杖召唤来一位精干的小伙子,吩咐道:"你速去终南山,务必把快乐藤采来!"小伙子听说有这样的宝贝,一刻也不敢停留,备足干粮,策马扬鞭,直奔终南山。

经过风尘仆仆的奔波后,他来到水沛草美的终南山麓。四处寻找后,小伙子发现一处藤萝缠绕的小屋。那里,一位身穿布衣的老者正在砍伐木柴,但面挂喜色,不知疲倦。小伙子急忙毕恭毕敬地上前询问:"老师傅,听说这里有快乐藤,可是这小屋周围的藤萝?"老者答道:"正是,我自居此以来,每天都很快乐。"小伙子说:"我受族长之托,千里奔波,就是为全村寻找此藤,可以送些给我吗?""当然。不过仅凭借几株藤萝无法长久快乐,关键是要栽种快乐的根。"老者回答。

"在泥土中栽种吗?"小伙子问。

"不,栽种在心里。"老者回答。

小伙子听后,心满意足地跨上征程。回村后把老者的嘱咐告诉村民,村民们抛弃了心中的烦躁,以积极的心态生活,心中自然就得到了快乐。

的确,只要心中装满快乐,到哪里都会生长快乐的藤萝。人活得就是好心情,心情好比什么都重要。

那么面对纷繁的生活,怎样才能拥有一颗快乐的心呢?不妨从以下几方面做起:

(1)转移法。当发现自己陷入不良情绪时,最好的办法是马上停止手头的工作,找一件自己喜欢的事做,或者干脆停下来,出去走走,听听音乐,看看风景,也许不久你就会豁然开朗。如果有足够的时间,也可以选择外出度假等,这些都是放松身心的好方法。

(2)淡化法。时间可以冲淡一切。当遇到不顺心的事时,千万不要沉浸其中,否则你会越想越气,无法自拔,甚至会因一时冲动做出傻事。此时最好的处理方法是先不要理会这件事,当时间的流水浇灭愤怒的火苗后,再回过头来处理,此时你会更客观更冷静地分析解决问题。

(3)积极的心理暗示。在情绪极度激动时,千万不要做任何决定,否则事后一定会后悔。当感觉自己忍无可忍,即将爆发时,可以在心里不停地告诉自己:"一定要冷静,不能发火。"还可以做深呼吸,将一腔怒火排出体外,这种积极的心理暗示能够阻止自己在冲动时,做出错误的决定,同时有利于调节心情。

(4)条件反射法。有益的联想可以帮助人们克制消极情绪。在感觉自己生气时,可以回想一下那些曾经使自己愉快的事;多和一些积极向上,有幽默感的风趣的人交往;有意识地多笑笑,可能你会发现自己的心情突然就好起来了。

快乐存在于一个人的内心,是一种心灵体验。心中有快乐,眼中有美好。快乐很简单,无须过多的物质粉饰,也不需要处心积虑地争取,快乐关键决于一种积极向上的心态。

生活中，虽然快乐的表现形式不一，有些是物质方面的，有些是精神方面的。但它是公平的，给予每一个人的欢乐都不多也不少，不必总是羡慕别人的拥有，学会给心灵储存快乐，保持一颗快乐的心，自己完全可以把自己的生活过得丰富多彩，有滋有味。

活出快乐，如何拥有好情绪，如何控制自己的情绪，是一门生活的艺术。掌握这门艺术的人，能够从容不迫地迎接生活的挑战，能够以冷静、沉着、勇敢、坚定、乐观等积极的态度应付各种人际矛盾和社会压力。只要经过自己的努力锻炼和不断实践，每一个人都可以掌握这门艺术，学会控制自己的消极情绪。

魔力悄悄话

人生就是在苦乐年华中度过的，所以，现实生活虽然没有我们想的那么美好，但也不是想的那么可怕。对同样的事，人可以产生不同的情绪，人的情绪的质量就是生活的质量。所以，拥有好情绪的人，就拥有高质量的生活。我们要学会在生活中寻找和培养尽可能多的好情绪，以此来改善和提高情感的质量。

塑造积极的心态

心理学家认为：一个人要想成功，必须首先培养健全的心态。心态是我们唯一能完全掌握的东西，学会控制自己的心态，并且利用积极因素来导引它，激励它。

大多数人失败并非由于才智平庸，也不是因为时运不济，而是由于在人生长跑中没有保持一种健康的心态，使得自己最终无法触摸到成功的终点线。与其说他们是在与别人的竞争中失利，不如说他们输给了自己不成熟的心态。塑造自己的成功者心态，才能到达成功的彼岸。否则，你将一事无成。

成功是一种心态，心态决定一切"一个健全的心态，比一百种智慧都更有力量！"英国著名文豪狄更斯如是说。每个人成功的机会都是均等的，但心态的好坏则直接支配并决定着最后的成与败。学会用健康的心态和智慧改变你的一生，为你的生命增光添彩。

心理学专家认为：心态是一个人真正的主人。这正如一位伟人所说，"要么你去驾驭生命，要么是生命驾驭你。你的心态决定谁是坐骑，谁是骑士。"有些人总是比其他的人更容易成功，拥有更多的机遇、财富、社会资源，享有高品质的人生，似乎他们得到了成功的特别垂青。其实，人与人之间并没有太大的区别，决定成败的关键在于人的"心态"。

华人首富李嘉诚是一个伟大的实业家。他以 5 万港元起家，以滚雪球一般的惊人速度发展壮大，直至建立起遍及亚、美、欧三个大陆的庞大的商业帝国，其举手投足已经足以影响全球。那么，他是靠什么一步步取得今天这样的成就的呢？靠的就是未雨绸缪、敢闯敢拼的经营心态；良好的心态成就了今日纵横捭阖、左右天下商势的李嘉诚。

早期塑胶花的成功，坚定了李嘉诚建立伟业的雄心。当然，他也不会草率摈弃塑胶业。在其后 10 余年间，他在塑胶领域继续处于领先地位，为他开创新事业积累了数千万港元的资金。

李嘉诚总是脚踏实地向既定目标迈进，他不会鲁莽行事，每一个重大举措，都要经过长时间的深思熟虑、周密调查。

1958 年，李嘉诚在繁盛的工业区——北角购地兴建两座 12 层的工业大厦。1960 年，他又在新兴工业区——港岛东北角的柴湾兴建工业大厦，两座大厦的面积，共计 12 万平方英尺。

当时，地产业已经开始实行按揭销售，这种办法使那些没有多少资金的百姓也买得起楼，所以楼宇销售很是兴旺，而李嘉诚则选择盖楼收租，取得经常性稳定收入。

但是，李嘉诚绝不是谨小慎微、魄力不足的人，到了资金充足、形势看好的时候，他不但敢于冒险，而且一鸣惊人，一飞冲天。

1969 年 10 月，美国总统尼克松在联合国大会上公开表示：愿与中共谈判。1971 年 1 月，美国乒乓球队应邀访华。同年 7 月，尼克松派基辛格博士访华，与毛泽东、周恩来会面。

这表明，中国将会与美国消除敌对状态，将会有限度地打开国门，香港的转口贸易地位将会进一步加强。香港经济界恢复了对香港前途的信心，百业转旺，对楼宇的需求量激增。

1971 年 6 月，李嘉诚成立长江地产有限公司，集中物力、财力、精力发展房地产业。

在第一次公司高层会议上，李嘉诚踌躇满志地提出：要以置地公司为奋斗目标，不仅要学习置地的成功经验，还要超过置地的规模。

香港置地有限公司，是 1889 年由英商保罗·遮打与怡和洋行杰姆·凯瑟克合资创办的，当时注册资本 500 万港元，为全港最大的公司。经过半个多世纪的发展，置地跻身全球三大地产公司之列，在香港处绝对霸主地位。除地产外，置地还兼营酒店餐饮、食品销售，业务基地以香港为主，辐射亚太 14 个国家和地区。

对不了解李嘉诚的人来说，认为他提出赶超置地的口号，只是勇气可嘉。但后来的事实证明，李嘉诚提出这一口号，绝非异想天开。

在激烈的商战中，李嘉诚对自己的事业始终有正确的把握。他强调灵活变通的重要性，在塑胶业市场趋于萎缩之际，果断地做出进军地产的决策，充分显示了他随机应变、不拘一格的经商心态。

被奉为日本战后经济复兴头等功臣的美国管理大师戴明博士，因为成功地引导并塑造了日本企业家的心态，而使得日本企业界管理层的管理水平大步提升，从而带领日本经济快速走出低谷。

他要日本企业界首先认识到高质量的产品不会增加成本，反而会减少成本。为了生产高质量的产品，开始成本可能会高，但科学化、规范化后，成本就不会很高了，而且由于保证了质量，次品会减少，顾客也会更喜欢，所以成本反而会降低。

戴明还认为检查不重要。当产品检查出质量问题时，已经太晚了。检查的目的是为了找出问题，改善流程，只有通过不断地改善各个环节，才能保证生产出高质量的产品。所以检查只是手段，而不是目的。

更重要的是，戴明博士在日本企业家中倡导了一种心态：那就是要永远不断地追求改善，每天进步一点点。

魔力悄悄话

永不满足于已有的成就，以更大的热情去获取更大的成功，不断给自己加压，不断给自己创造成功的机会，正是这种昂扬的心态，才能使自己的人生不断提升高度。

积极的心态创造充满憧憬的人生

　　积极的心态创造人生,消极的心态消耗人生。积极的心态是成功的起点,是生命的阳光和雨露;消极的心态是失败的源泉,使人受制于自我设置的某种阴影。选择了积极的心态,就等于选择了成功的希望;选择消极的心态,就注定要走入失败的沼泽。如果你想成功,就必须摒弃这种摧毁你希望的消极心态。

　　竭尽全力,充分发挥你的潜能。人的潜能犹如一座待开发的金矿,蕴藏无穷,价值无比。我们每个人的心理都是一座潜能的宝藏,大多数人并非命中注定不能够成功,只是他们还没有发掘自身足够的潜能;任何一个人,即使目前还很平凡,只要用积极的心态打开自己潜能的宝藏,都能成就一番惊天动地的伟业,无悔于自己年轻的生命。

　　世界顶尖潜能大师安东尼·罗宾,以他传奇的人生教导人们成功的方法。

　　安东尼·罗宾,1960 年出生于美国加利福尼亚,本来是一名贫困潦倒的小伙子,26 岁时仍然住在仅有 10 平方米的单身公寓里,碗盆也只能在浴缸里洗,生活一团糟,人际关系恶劣,前途十分黯淡。

　　然而自从安东尼·罗宾发现内心蕴藏着无限的潜能之后,生活便开始大为改观,成为一名充满自信的成功者。如今,他是一位白手起家、事业成功的亿万富翁,是当今最成功的世界级潜能开发专家。

　　对于人类所拥有的无限潜能,安东尼·罗宾在他的《潜能成功学》里,曾讲过这样一个小故事:农夫 14 岁的儿子正开着一辆轻型卡车快速驶过自家的土地,父亲在一边悠然地吸着烟。因为儿子年纪还小,没有考取驾照的资格，但是他对汽车很是着迷，后来被父亲允许在自家农场里开，但是不准上路。

可是儿子毕竟没有经过专业训练，眨眼之间，父亲手里的烟还没吸完，只见儿子开着车翻进了水沟，他惊慌地飞奔过去，见儿子被压在车子下面，只有头部露出水面。此时他只有一个想法——尽快救出儿子。于是毫不犹豫地跳进水沟，瞬间把车子抬起，让另一位过来帮忙的工人将已经昏迷的儿子从车底下拽出来，在第一时间送往医院，好在儿子只受了一点皮肉伤，并无大碍。此时农夫才松了一口气。

当他回到出事地点，试图再次抬起车子时，却怎么也做不到，连自己也感到奇怪，心想当时明明抬起来了，现在尽管用尽力气，车子依然纹丝不动，对此，连医生都认为是一个奇迹。

这位父亲在儿子垂危之际，产生了超常力量，这已经超越了肉体本身，是一种精神力量。在看到儿子面临死亡危险时，他只想救出儿子，其他一切问题全都抛到了九霄云外。

可以说是精神上的肾上腺引发出潜在的力量。而如果情况需要更大的体力，心智状态，就可以产生出更大的潜能。

人的潜能主要是指心理能量、大脑潜力。事实表明，每个人身上都有无穷的潜能尚未开发，也许在生理上，人们的身体潜能有一个限度，但是在心理上，人的心理潜能是无法估量的。

在鲸鱼身上也会发现同样的情况。训练员在训练鲸鱼跳高时，会用标杆标示一定的高度，如果鲸鱼跳过这个高度，就会得到一定的食物奖赏，这样鲸鱼就会一次比一次跳得更高。所以人的潜能是无穷的，但是潜能的开发并不是一蹴而就的，只有一次一次的小成就，才会为将来的大成就奠定基础。可是现实生活中，有多少人因为一两次的小挫折就开始怀疑自己的能力，从此一蹶不振，这就限制了自己的潜能，阻止了自己能力的发挥，因此这样的人很难在那个领域立足。

人的潜能另一种表现是精神力量。人们在选择控制自己的情感和与人交流思想感情方面，也有巨大的潜能可以开发利用。这种潜能可以从人们对自主神经系统的新的理解中显示出来,因为人的言谈举止、交际水平和心律、血压、消化器官以及脑电波都可以受到精神力量的控制和影响,比如有的人不幸患了不治之症,身离黄泉路不远,但因为心态积极、精神振作,决心与病魔做斗争,专注于与自己信念和价值观符合的事,最后竟创造出奇迹。这类事例世界各国都有,并有案可查。科学家们正在预言:终有一天,我们会发现人体有能力使自身再生。这不是指医学手段的新发展,在人体内更换各种零件的技术,而是精神力量的巨大作用。

人脑的潜能是无穷的,就算是众多取得伟大成就的成功人士,如爱因斯坦、牛顿等,他们的大脑潜能也不过只开发了 10%。而平常之人所利用的大脑潜能,更是少之又少,造成巨大的浪费。大量的大脑能量都被消耗在人类的自我怀疑和盲目自信中。

当你相信自己的潜力是无穷的,你是足够优秀的,你相信自己的成绩远不止眼前这些。这样,你就能真正达到你心中的目标。而有些人则一直停滞不前,他们不相信自己还有能力可以提升,因此,他们始终都只会做目前能做的事情,最终只能被后来者所淘汰。

约翰是一名特种兵。他说他每天的生活就是不断地挑战自己的极限。他从进入特种兵训练营的那一天起,就要接受一次次极为严格的挑战,随时都有被淘汰的可能。内务整理、体能训练、队列训练、严格的考试等等都让学员懂得:只有积极接受挑战、不断进步,才有可能成为优秀的特种兵。特种部队在作战时的每一次挑战,都是对成员承受能力的考验。有些挑战是已知的,有些挑战则是未知的。

队员们必须有良好的身体素质和心理承受力,勇敢地面对,比如在热带丛林中,特种部队的士兵不仅要预防蚊虫和毒蛇的叮咬,而且要面对虎狼等猛兽;在极地气候中,特种士兵要面对零下 40℃ 左右的严寒。除了复杂的气候外,还要面对几百公里的长途奔袭、战友的突然死亡、食物的匮乏……对于这些挑战,能否顺利完成作战任务,就在于士兵能否积极应对自我、超越自我。不能做到者,只能被淘汰。

憧憬力——病树前头万木春

人，贵在"自知"，就是要充分认识自己，挖掘自己的潜能，就像挖掘一个无穷尽的金矿一样，然后，你才能自信地奔向成功。

所以，你要相信自己能行，相信自己能够继续进步，可以向更高的目标挑战，可以向更高的山峰攀登，这样，你就能实现事业的腾飞。

只要你抱着积极的心态去开发你的潜能，你就会有用不完的能量，你的能力就会越用越强。相反，如果抱着消极心态，不去开发自己的潜能，那只会越来越无能！

魔力悄悄话

心理学家认为，人类贮存在体内的能量大得惊人，多数人平常只发挥了极小的一部分功能。实际上，任何成功者都不是天生的，成功的根本原因是开发人的无穷无尽的潜能。

第四章 只有异想，才有天开

　　每一天，人带着他的梦想和影子踏上了人生漫长的旅途。

　　人不知道这一路走下去会有多遥远，他只是一直一直的跟着路走，看着一路一路的风景变幻，却也一直保持缄默。

　　城市的灯火在夜里显得更为耀眼，即使是小城镇，也让人叹它的热闹。霓虹灯的光亮也许只能炫照在这一处，更远的地方则是暗色调，点点的灯光会告诉你，农村与城市的区别在于夜晚。宁静，是它的特征，不管是白天，还是夜晚，都显得很静。

相信自己　创造奇迹

如果我们相信奇迹，那么，奇迹就会到来；如果我们不相信奇迹，总是想随波逐流，跟着别人的脚步前进，那么，我们不仅没有吸引到奇迹，反而会被奇迹所遗忘。我们只是想，而不去行动，奇迹怎么会出现呢？

很多人相信奇迹，比如盲目地买彩票，然后坐等开奖，希望自己的手中写满数字的纸能兑换成实实在在的人民币。但是，残酷的现实往往会让这些投机取巧的人大失所望。

不断坚持，才能不断吸引。如果把奇迹比作一个漂亮的女孩子，那么她一定很孤傲，因为她自己就是奇迹，她的众多追求者中不一定有她心仪的。在众多的追求者中，只要有一个能够坚持下去，不断付出，就一定能吸引到奇迹的注意，最后抱得美人归。

我曾经听到这样一个故事：

一个男孩从 100 层楼上纵身跳下，围观的人都惊呆了，更让人吃惊的是，这个男孩竟然安然无恙！围观的人就说："这是一个奇迹！"

男孩还不死心，又爬上了 100 层以上的楼房，再次纵身跃下，但是他还是没有丝毫损伤！围观者惊讶得不能自已："这又是一个奇迹！"

男孩继续往上爬，他爬到了顶层，然后继续跳下，但是他还是完好如初！围观者纷纷摇了摇头说："这不是一个奇迹。"

其实，男孩每次下跳之所以安然无恙，是因为他在绝对安全的保护措施之下所进行的实验，当时围观的人们远远地看着，并没有发现楼底下的特制防护网。不过从围观者的反应可以看出，人们已经习惯了！

这个实验说明，很多时候，奇迹之所以不再为奇迹，是因为奇迹已经深入我们的脑海了，就算吃饭睡觉，时间不断推移，奇迹依然还是奇迹，只是它的光彩早已经暗淡了下来，奇迹最终就转变为了习惯。

人都喜欢不劳而获，总是愿意去想而不去做，而这种想也只是有一段时间的热情，过了这段时间，自己的想法也会被自己否定。成功者之所以成功，主要就在于他们相信自己，并且努力创造奇迹。因为成功者创造的奇迹多了，他们也就习惯了这种奇迹的发生，如果有一天奇迹没有发生，他们反而会觉得今天缺少了什么。

我们总想成为机会主义者，恨不得每天想要什么，就能从口袋里翻出什么，这显然是不现实的。有想法固然很好，如果不去实践，想法也只是个想法而已。不要轻易否定你的想法，也不要好高骛远，要一步一步去努力，被自己的想法所吸引，奇迹就会在你需要的时间地点出现。

我们再来看看下面这则故事：

1948年，有一艘船要横渡大西洋。船上有一位父亲要带着小女儿赶去美国纽约港和妻子会合。

有一天早上，海面上异常平静，碧空如洗，云霓闪动，煞是好看。父亲正在船舱上用刀削着苹果，突然之间，船身发生了剧烈的晃动，父亲倒下了，而刀子则正好插到了父亲的胸口。父亲当时脸色发青，全身颤抖。6岁的小女儿被这瞬间的变故吓傻了，想要跑过去扶起父亲，但是却被父亲微笑着拒绝了。

父亲轻轻捡起掉在地上的刀子，慢慢爬了起来，擦掉了刀子上的血迹。

在此之后的三天里，受伤的父亲每天晚上依然为小女儿唱摇篮曲，清晨为她穿好衣服，带她去感受海风的吹拂，聆听海浪的声音，好像什么事都没有发生一样。然而，父亲的面色一天比一天苍白，不仅如此，父亲的脸上还写满了忧伤。

在到达美国的前一天晚上，父亲把小女儿叫到了身边，对她说："明天，你见到妈妈的时候，一定要告诉她，我永远爱她。"

小女儿非常奇怪："你明天就能见到她了，为什么还要我去告诉她呢？"

父亲微笑着抚摸小女儿的头，在她的额头上深深吻了下去。

第二天，船停靠在了纽约港，小女儿一眼就看到了母亲，欢快地喊着妈妈。就在这时，周围的人大声惊叫了起来。小女儿回头一看，原来，自己的父亲已经倒在码头上，胸口被鲜血浸湿了，父亲四周的地面也被鲜血染红了。

医生在做尸体解剖时发现，那把削苹果刀准确无误地刺进了死者的心脏，这位本来应该当场死亡的父亲却多活了三天，而且强忍病痛，就是为了不被小女儿发觉。

在医学研讨会议上，有很多人要对这件事进行命名，有人要叫它大西洋奇迹，更有人说要用这位父亲的名字命名。这时，一位老医生站了起来，只见他须发皆白，皱纹深陷，目光慈祥，散发着智慧的光辉。他大声说道："你们都说够了吧？住嘴吧！这个奇迹的名字，其实就叫'父亲'！"

在上面的事例中，父亲是奇迹的创造者，是坚定而伟大的信念使他创造了人间奇迹。其实，我们每一个活在尘世的人都是奇迹的创造者！

奇迹的出现并不是偶然的，那是我们持之以恒不断努力换来的。奇迹和我们需要彼此相互吸引，这样才能让奇迹缔造出一个个传奇。

魔力悄悄话

奇迹在于吸引，更在于激发心底的潜能，使之为不断实现奇迹而付出努力。因此，要想创造成功的奇迹，就要相信自己，相信自己是无所不能的。只要我们坚持，持之以恒地去努力，就会被这种思想所吸引，这样，奇迹的出现也只是时间问题了。

相信者就会拥有

现实社会中的人，最初时的心理都是健康的，但是有的人只要受到一点打击，就像是打击到了他们的命门，就会无法适应这样的打击，在言行举止以及心理等方面就会出现烦躁、恐惧等反常表现。在经受打击的时候，你是否觉得你的心理已经出现了上述问题？是否所有的问题都难以顺利进行下去了？

其实，这些心理的产生根源在于有的人总是自我怀疑，不敢去相信自己。如果在这种心理状态下生存，将会一事无成，根本发挥不出憧憬的作用，反而会让自己走向深渊。如果想要让自己走出困境，最需要的就是摆脱消极心理的束缚，重新找回人生的希望。

一朝被蛇咬，十年怕井绳。正因为畏惧，所以我们才会失败，因此我们要做的就是及时调整好自己。被蛇咬了并不可怕，首先要让自己做好心理准备，有针对性地采取防范措施，这样，蛇也会变得不再可怕了。摆脱自我怀疑的心理也是如此，一定要找到根源，对症下药，方能药到病除。

自我怀疑是憧憬的大敌，如果你对自己都不能肯定，对自己都丧失了信心，别人怎么会看重你，怎么会被你所吸引？力的作用是相互的。憧憬的作用力也是相互的，如果你没有给憧憬一个"作用力"，就不会得到别人的"反作用力"，因而你就很难取得成功了。

我们平常说话，很喜欢说"但是"，如："你很漂亮，但是就是衣服不怎么好看""今天你很精神，但是你怎么没穿正装啊"等等诸如此类的话。"但是"就是为了推翻你前面的话，而这样的话说了还不如不说，因为你不仅是在对别人否定，更是在对自己否定。说出这样的话，就算在之前你有再多的憧憬，自我怀疑、自己否定之后，你的憧憬就会荡然无存。

我们不要去怀疑，相信就会拥有，如果我们在脑海里勾画出美好的未来，并且坚定不移地去思考、去努力，那么，这个美好未来就会到来。

潜能大师安东尼·罗宾提出了一个视感源的概念，比如我们想要举办一次有五万观众的演讲，我们闭上眼睛就会想到这五万人的灯光，五万人的眼神，五万人的手臂，等等。只要我们把眼睛闭上，演讲就像是真的开始一样。

如果我们敢于去想，相信自己，不用怀疑的目光审视自己，我们就会成功。如果我们总是停留在自我怀疑和自我否定的层面，我们的自信就像被白蚁啃啮一样，就会逐渐消失殆尽。

美国纽约有一个名叫大沙头贫民窟的地方。这个地方可谓臭名远扬，不仅环境肮脏、充满暴力，更是小偷强盗的寄居之所。罗杰·罗尔斯就是在这里出生的。

罗杰·罗尔斯在这个地方生活久了，就被这里的人和环境所影响，经常逃学、偷盗等，几乎把所有坏事都做了个遍。

有一天在学校，罗杰·罗尔斯从教室的窗台上跳了下来，把小手指伸到了讲台上，想再给老师搞个恶作剧，但是没想到，罗杰·罗尔斯的这个动作正被巡察的校长发现了。出乎意料的是，校长并没有批评罗杰·罗尔斯，而是赞美他说："你的小手指非常修长，听说小手指修长的人非常有福气，在不久的将来，你一定能成为纽约州州长的。"

罗杰·罗尔斯非常惊讶，他从来没有认真考虑过自己的未来，他一直认为，自己生长在这么肮脏龌龊的地方，自己的将来一定会像这些人一样，去偷盗，去抢劫，以此来度过自己的一生。但是，校长的一番话却一下子改变了罗杰·罗尔斯的人生观，他想：原来人生也可以这么过呀！

从那天开始，罗杰·罗尔斯就开始奋发图强了。他认为校长说的话不是毫无根据的，而自己也必然会成为纽约州州长的。这样一来，"纽约州州长"的梦想就像他自己的影子一样如影随形，无时无刻不在激励着他，促使他不断向前奋进。从此，罗杰·罗尔斯彻底改变了，他不再说污言秽语了，也不再偷窃了，每天的心思全都放在学业上。

憧憬力——病树前头万木春

在此之后40年的时间里,罗杰·罗尔斯一直以纽约州州长的身份要求自己。功夫不负有心人。在罗杰·罗尔斯51岁那一年,他终于成了纽约州州长。

罗杰·罗尔斯的故事很能说明问题:信念是一面旗帜,它可以改变一个人的思想和灵魂;而怀疑的人生则充满荆棘,让怀疑者寸步难行。我们要做的就是不断鼓励自己,给自己以自信,让怀疑的阴霾从人生中消散,让自己重新找回自信的美好。

如果我们自己都没有自信,那要谈何吸引到别人?怀疑的人生是没有价值的,只有自信的人生才会散发出迷人的魅力。"诗仙"李白曾说:"天生我材必有用。"自信可以让我们登上人生的峰顶,而怀疑只会让我们走向人生的死胡同。

著名诗人汪国真说:"有一个未来的目标,总能让我们欢欣鼓舞。就像飞向火光的灰蛾,甘愿做烈焰的俘虏。"面对目标,面对希望,我们要做的不是去怀疑,而是去努力。自信的人生才会散发独特的魅力,而怀疑的人生只会让你止步不前。

人生不是一条单行道,自信也不是盲目的自信。美好的人生得益于我们认真地分析和准确地判断,让我们活出精彩:理性的自信所发挥的力量,就是带领我们逐步向成功迈进。

魔力悄悄话

人生就像一张网,而憧憬就像其中的千千结一般,有着无穷的张力。如果要让自己走向成功,自信是不可缺少的,因为拥有自信,这张网才能承载更强大的人生,而其中的千千结才能吸引到越来越多的千千结。

自信憧憬的第一步

心理学家通过研究已经发现，我们在日常生活中遇到的各种困难，最根本的原因就在于我们无法合理地分析它，而我们自己也在不断怀疑自己，这样造成的结果，就是失败不断地在向我们逼近。

自我认识，是我们走向成功的一个必要前提。提高自我认识，我们才能分辨出自己的优点和缺点，才能扬长避短，激发自信。人贵有自知之明，这就是说要我们先认清自己，只有通过认清自己，才能找到属于自己的憧憬法则，不断吸引到自我，不断吸引到积极情绪，并在不断吸引中被认识。

自我认识不能只停留在表面上，我们更应该看到自己的内在，而这种内在就在于你由内而发的憧憬。我们的憧憬能力决定我们是否足够自信，遇到棘手的事情是否会人云亦云。

自我肯定，是我们走向成功的第一步。我们常常会给自己制定一个目标，或大或小，这个目标就像是一种无形的力量，不断吸引我们沿着它的方向努力前行。

中国有这样一句话，叫作"没有金刚钻，就别揽瓷器活"。这就说明自我认识是何等重要。自信和自负仅是一线之隔，关键就在于我们对自己憧憬能力的把握，不能因为一时的成功，让自己迷失方向。为此，我们应该掌好人生这条大船的舵，不要让我们的人生偏离航线，这样，憧憬的光芒才会放射得更加精彩。

我们既然能来到这个世上，就证明我们有存在的价值，就一定会有在这个社会中属于我们的一席之地。只有不盲目，不浮夸，好好把握住自己，散发出自信的魅力，我们的人生才会更精彩。

著名哲学家亚里士多德说过："对自己的了解不仅是最困难的事情，而且也是最残酷的事情。"自我判断是一件非常困难的事情,因为它需要我们时时刻刻关注自己,不让自己被各种负面情绪所影响,只有这样,我们的憧憬能力才会展现出来。

我们需要的就是不断地自我审视,这样我们才能看清自己,才可能肯定自己。如果我们想要超越别人,超越自己,最需要的就是我们自己的不断完善,不断提升。从这个意义上说,审视自己就成了判断我们憧憬能力强弱的晴雨表。

自我审视需要我们找到自己的优点和缺点,总结自己的人生经验和能力,了解自己的特长,正视自己的不足,只有这样,我们才能根据自身情况,对自己做出一番全面细致的准确判断。经验就是财富,特长就是我们人生未来的发展方向,只有不断审视自己,我们才会不断被自己所吸引。而自我肯定就是一种对自我憧憬能力的一种肯定。

1960年,美国哈佛大学的博士罗森塔尔做过这样一个著名的实验:

新学期伊始,罗森塔尔将3名老师叫进了自己的办公室,对他们说:"经过我们对你们一年工作的评定,我们发现,你们3位是我们学校最优秀的教师。所以,我们特意挑选了100名学生,这100名学生是全校最聪明的学生,他们的智商都非常高。我把这100名学生分到你们所教的3个班里,希望你们能好好教导他们,争取让他们取得更大的成绩。"

3位老师听了非常高兴。最后,罗森塔尔还特意叮嘱这3名老师:"教导这些孩子就像普通孩子一样,不要让他们知道自己是被挑选出来的高智商学生。"3位老师欣然答允了。

一年之后,这100名学生所在的3个班果然名列全校之首。这时,罗森塔尔和3位教师说出了真相:其实,这100名学生都是随机挑选出来的普通学生,并不是特意挑选出来的高智商学生。

3位老师听完,愕然,随即想到,那我们3个人的教学水平真是太高了,无愧于"全校最优秀的教师"称号。

接下来,罗森塔尔又说出了另一个真相:其实,这3位老师的教学水平并不突出,他们也只是被随机抽调出来的老师而已。

罗森塔尔博士的实验表明,一个人能够自信是何等的重要!

我们不论做什么事情,第一步都是要学会自我肯定,要对自己有信心,不要轻易否定自己的能力。这种自我肯定会不断吸引我们,成功也自然会被吸引过来,奇迹也就会自然发生。

世界上的多数人之所以是平庸者,最根本原因就是他们不能正视自己,如果不能正视自己,那还谈什么自我肯定,谈什么自信心呢?人生需要自信的魅力,只有自信的人生才是有憧憬力的人生。未来是遥远的,人生是漫长的,如果想要走得长远,自信就是人生最宝贵的品质。

自我认识,是我们走向成功的一个必要前提。提高自我认识,我们才能分辨出自己的优点和缺点,才能扬长避短,激发自信。人贵有自知之明,这就是说要我们先认清自己,只有通过认清自己,才能找到属于自己的憧憬力法则,不断吸引到自我,不断吸引到积极情绪,并在不断吸引中被认识。

魔力悄悄话

很多人在遇到挫折时,往往不能正视自己,每天只是得过且过,这样一来,你的憧憬的能力就会完全失去作用。自我肯定是憧憬能力起作用的前提,人生需要自我肯定,更需要憧憬能力的强大磁场。

相信自己了不起

成功者的道路有着惊人的相似之处，失败者的道路却是各有各的不同。成功者首先会相信自己是成功者，当困难来临的时候，他们会勇敢地站出来，承担起自己应当承担的责任。正是成功者的这种人格魅力所产生的强大憧憬力量，可驱散失败，吸引成功。

成功者的憧憬能力来源于自信，这种自信会不断吸引到同类的积极情绪，使成功的到来成为水到渠成的事情。我们刚说出的一些话，转眼间往往就会忘记了，但是成功者却不然，他们有信念作为先行，指引自己，向着成功的方向不断进发。

如果我们想要取得成功，就要为随时都有可能到来的失败做好准备。只有保持危机意识，我们才能吸引到成功；没有忧患意识的人，不是一个真正的成功者。坚定的信念是成功的基石，这样的基石可以把成功牢牢绑在你的身上，让这样的成功不断感染着自己，带领自己，走向成功。

毫无疑问，成功是我们每个人的梦想，但是光有这些愿望是远远不够的，我们还需要在自己的脑海里勾勒出成功的清晰画面。知道自己想要的，规划好成功的每一步，我们才能被成功所吸引。

我们都期待完美生活，我们都希望在春暖花开的季节面朝大海，但是能够走到海边的又有几人？很多失败者并不是因为自己走错路，也不是因为能力和别人差距有多大，最主要的是因为他们只把成功放在口头上，并没有让成功发挥出作用，产生取得成功所必备的磁场。

坐而论道，不如起而行之。如果我们把成功看得更现实一点，相信自己，付出行动，那么，我想，成功就不会太遥远了。我们不能光抒发主观意愿，告诉自己该如何如何，更应该告诉自己应该怎么做，只有这样，我们的内心才会燃起希望,才会使憧憬发生作用。

别人身上的成功不是我们的成功,我们要做的就是相信自己,把成功的经验从别人身上拿过来,变成自己的。如果有一天我们拥有了非凡的自信,当别人的意见干扰到你的时候,你能够力排众议,坚持己见,拥有了这样的磁场,就等于拥有了成功。只有在这个时候,我们才可以说:我们离成功真的很近了。

成功者之所以能得到自己想要的东西,是因为他们并不是把事情硬组合在一起,更不是盲目控制自己的心灵力量,而是靠非凡的自信,才取得最后的成功的。《周易·系辞上》说:"方以类聚,物以群分。"对于具有积极意义的相同的事物,由于我们大多数人都没有去努力追求,没有揣摩成功究竟离我们有多远,所以,憧憬就逐渐变暗淡了,成功也离自己越来越远了。

宋朝大文学家范仲淹年幼的时候家里十分贫困,根本没有余钱去上学。但是范仲淹不甘平庸,便跑到寺院僧房里去读书学习。

在僧房学习的时候,范仲淹经常把自己关在屋里,废寝忘食地读书。他每天刻苦读书,就是为了能学到更多的知识。

在学习过程中,范仲淹的衣食起居条件非常简陋,他每天晚上都用糙米熬出一碗粥,到了早上粥凝固了,就拿刀把粥切割成四块,早上吃两块,晚上吃两块。即使生活如此艰苦,依然不能磨灭范仲淹的志向,他还是一如往常地努力读书。

范仲淹的一个同学听说他窘迫的生活状况后,就把这件事告诉了自己的父亲。同学的家人都非常同情范仲淹,父亲让儿子给范仲淹带去一些鱼肉,以使他能补补身体,更好地读书。

范仲淹看了看同学拿来的鱼肉,坚定地说:"谢谢你,但是我不能要,我认为吃简陋的饭更能磨炼我的意志。无功不受禄,请你还是拿回去吧!"

那个同学以为范仲淹不好意思才没有接受的,于是,就把鱼肉放下了。

过几天,那个同学又来看望范仲淹,看到他前几天送给范仲淹的鱼肉丝毫没动,而且已经变质发霉了,于是非常生气地说:"我好心给你东西吃,你还不领情。现在东西都变坏了，这不是浪费粮食吗?"

范仲淹赶忙解释说:"并不是我想让这些东西坏掉，只是我过惯了艰苦的生活。如果我吃了这些美味佳肴，等到以后我再过回艰苦的日子就不习惯了，你和你家人的一番好意我心领了! 感谢你们!"

那个同学回到家中，把范仲淹的话和父亲说了。父亲听后大加称赞，说道:"范仲淹真是一个有志气的好孩子，今后一定会大有作为的!"

果然，经过刻苦的学习，范仲淹成为我国古代著名的文学家和政治家;他人穷志坚的故事也流传至今，成为鼓舞和激励后世学子们强大的精神力量。

范仲淹被成功的憧憬所吸引，亲身感受憧憬的美妙，就算再艰苦的生活，也觉得是一种宝贵的人生历练，他能取得后来的成就，成功显然是至关重要的。

魔力悄悄话

我们想要成功，就要在失败和挫折中学会反击，通过被成功所吸引，在周围产生磁场，让逆境发生逆转，这样一来，成功才会真正变为现实。想要成功的人应该懂得:成功不是一朝一夕的努力，而是数十年如一日的坚持，梦想有多大，你的能力就有多大，只有充满这样的信心，你的梦想才会变成现实。

憧憬需要自我激励

我们每个人都想激发出自己的潜能，想让自己最大限度地取得成功，但是事实有时却相反，越是努力的人越是难以达成所愿，而有些人并没有见到他们怎么努力，他们却成功了。这其中的诀窍就在于他们懂得坚持，换一种说法，他们懂得用神妙的东西调节和激励自己。

我们每个人都会有疲劳期，不可能总关注一件事情，不吃不喝不睡，这是不可能的。那为什么很多成功人士能够坚持下来，取得成功呢？最根本的原因就是他们懂得在最适当的时候激励自己。适当地激励自己，就会让我们在最困难的时候接收来自内心的鼓舞，就可以让我们在瓶颈期继续前进。

憧憬在初期是很容易涣散的，但是随着时间的不断推移，我们被憧憬不断感染，潜意识就会和憧憬融为一体，难解难分了。但是最初的阶段，我们应该怎样度过呢？我们最应该做的就是要学会调节，学会不断地自我激励。

激励可以持续激发出我们的动力，使得我们为了实现目标不断采取行动，让我们的憧憬变得越来越强烈，不会轻易涣散。如果想要某个人高效工作，最好的办法就是不断激励。人生需要激励，没有激励的人生是没有动力的，而憧憬也需要不断激励，这样，憧憬的能力才会长久，不会消散。

激励是内心的一种积极向上的表现。我们每个人都需要激励，而激励就像是我们奋斗的助推器，不管成功的道路多么崎岖，只要能够激发我们奋斗的决心，我们就一定能成功。

如果没有了激励，军队就不可能打胜仗，交响乐队也不会演奏出动人的乐章，画在纸上的花鸟鱼虫也不会栩栩如生……激励是一种高效的情感,它可以带领我们向着成功不断迈进。如果没有了激励,我们每个在尘世中的人的奋斗都会显得苍白无力。激励就好比为雨后的天空挂上彩虹,为春天加上鲜花的色彩,让整个世界,让每个人的人生不再单调。

汤姆·邓普生刚出生的时候,只有一只畸形的手和半只脚,这就注定他的一生将会是非常痛苦的。但是,他的父母总是适时地开导他,让他体会到家庭的温暖,不要去想残疾的事情。邓普生也在不断地自己证明着自己,比如在野营训练的时候,别人做什么,邓普生自己也能独立完成什么。

随着年龄渐长,邓普生开始学习橄榄球。当时,很多孩子都在从事这项运动。邓普生不甘人后,为此,他还找人特制了一只鞋子。教练看到他的特殊情况,坚决不许。但是邓普生为了能够成为职业橄榄球选手,就一再地坚持。教练耐不住邓普生的坚持,新奥尔良圣徒队接纳了邓普生。

经过两个星期的了解,教练发现邓普生有着惊人的毅力和天赋,他在一次友谊赛中,踢出了55码,并且得到了分数。

邓普生不断自我激励着,他坚定地认为:正常人能做到的事情,自己能做到;正常人不能做到的事情,自己也能做到。

有一场比赛,球场上坐了六七万名观众。当时比赛只剩下几秒钟,球在28码线上,而球队又把球反推到了45码线上。在这时,教练把邓普生换上了场。

在当时,球距离得分线有45码距离,如果能把球踢好,就一定能得分。邓普生心里暗暗鼓励自己,一定要出色完成任务,不辜负教练对自己的期望。

在场的所有人都屏住了呼吸,只见球笔直而过,终端得分线上的裁判举起双手,示意球进了。邓普生为球队带来了3分,取得了最后的胜利。

很多人都非常惊讶,认为邓普生正在创造一个奇迹。赛后,有记者采访了邓普生,问邓普生成功的秘诀是什么。

邓普生回答说:"我父母从小就告诉我,世界上没有任何事是我不能做的。"

人生需要激励，梦想更需要激励。不管是成功还是失败，我们都需要保持清醒：成功的时候，我们要懂得激励，告诉自己，不要为了成功而沾沾自喜，骄傲的下一步也许就是无底的深渊；失败的时候，我们更需要激励，告诉自己，梦想不是因为成功而伟大，而是因为失败而精彩。

人生没有跨不去的火焰山，只要我们学会调节和自我激励，那么，维持自己憧憬能力的光芒就不会熄灭。不要认为人生有什么事是不可能的，其实，人生中的任何事情都是可能的，只要我们找回自信心，运用科学合理的方式方法，成功就会在不远处等着我们。

魔力悄悄话

我们想要成为优秀的人，想要让自己比别人做得更好，我们要做的就是不断努力，不要让我们的激情消退。如果我们能不断激励自己，让自己由内而外产生一种憧憬，就会让别人看到我们的与众不同，而我们的憧憬的能力也会随着我们的激励而不断增强。

走出一条不平凡的道路

有些人失败了总是会埋怨，我已经足够努力了，已经倾尽所有了，为什么现实这么残酷，让我一而再、再而三的失败？这里关键是要走对路，找对方向，这样，成功的道路才会在你脚下展开。如果你对成功只是单相思，每天只是不管三七二十一地拼命工作，这样收到的成效是非常微小的。

浙江温州人就是一群独具慧眼的人，在温州人最初创业的时候，南方的市场已经接近于饱和了，而北方的市场还没有被开发。为了能够取得成功，温州人毅然决然选择了北方，他们知道，如果去南方，即使还有一点市场，由于温州人初涉南方，是一股新生力量。

经过一番斟酌，温州人选择了北方，他们知道北方的市场还没有开发，还是一片处女地，和南方相比，北方有着更大的发展前景。最后，温州人取得了成功，他们的独具慧眼让他们成为商业巨人。

人生中，成功的机会无处不在，只要我们善于发现，成功就会在我们的眼前出现。成功不一定是按部就班地走一条规规矩矩的路。在别人没有开发过的处女地上奋斗，我们才能走对路，才能一直在成功的路上不断前进。而这就需要我们独具慧眼，善于发现，善于从生活中积累经验，用心体会生活中的细节，这样，我们才会离梦想越来越近。

人的一生不是一个单调的旅程，我们更不要把自己和别人画上等号。别人做的事情不一定能成功，就算成功了也不一定能适合你。每个人的未来是由每个人自己把握的，我们要做的就是不要总是走别人的老路，否则，你很容易重复别人的故事。

成功的实现在于坚持,而选对成功的道路则在于独具慧眼,只有选对成功的道路,我们的憧憬的通报力才会积极地影响到我们。人生在于把握,成功在于发现,只要我们在正确的人生轨迹上努力奋斗,就必然会走出一条不平凡的道路。

美国得州曾经有一座很大的女神雕塑,经过多年的日晒雨淋,无人管理,已经没有了往日的光彩,眼看着就要变成一堆废物了。政府决定把它推倒,但是推倒之后,这座女神像就变成了垃圾,如果要处理干净,就要把这些垃圾运往垃圾场,这笔账算下来,要花上将近 3 万美元,而且很多人都不愿意做这件事。

商业嗅觉极为灵敏的斯塔克和别人的思维不同,他觉得这是一个商机。他和政府商议,只需政府拿 2 万美元给他,他就愿意把这堆废物垃圾处理掉。不过斯塔克有一个要求,那就是不管他用这堆垃圾做什么,政府都不能干涉。政府当即和斯塔克达成了协议。

签完协议,斯塔克马上找人把这些废料进行分类处理:铜的废料就做成纪念币,铝的就做成纪念尺,水泥的做成小石牌……总之,斯塔克把这些废料进行了归类处理,然后物尽其用,都做成了别致的小物品。

不仅如此,斯塔克还故作神秘,招来一批军人,把广场的这些地方都围了起来,禁止路人围观。

斯塔克的神秘举动引起了路人的好奇,他们纷纷猜测,斯塔克在干什么呢?女神像已经倒下了,在这里还能做什么呢?

有一天,一名路人偷偷溜了进去,竟然找到了一枚纪念币,这件事很快就引起了轰动。斯塔克顺水推舟,推出了他的计划,并且说:"时如逝水,永不回头,美丽的女神像已经湮没在历史的洪荒中,而它却给我们留下了很多纪念品,让我们永远记住它昔日的光彩。"

斯塔克的计划成功了,他制作的这些纪念品很快就被顾客抢购一空,他从这些垃圾中赚到了 12.5 万美元。

世上没有垃圾,只有放错地方的宝贝。我们不要总是拘泥于自己的惯性思维,进而忽视自己的创新思维。其实,成功就像散落在角落里大小不一的铁块,不只是大的铁块就是好的,这时最需要我们做的就是努力发现成功,然后用自己憧憬的能力的磁场把它吸引过来,这样,我们才能走上一条正确的道路。

对于成功者,成功不是一种偶然,而是一种必然。成功的舞台需要我们每个人去演出,但是关键是我们要找对自己的舞台,这样,我们的演出才会精彩,而我们的憧憬力才会被观众所接受。找到适合自己发展的一条道路,你就是强者,经过一段时间的奋斗与发展,你就会成为一名成功者,而你的欲望也会因此成为现实。

魔力悄悄话

憧憬力需要新鲜思维的不断刺激,而独具慧眼就很好地满足了憧憬力的这种需求。独具慧眼能让我们在平凡中看到闪光点,能让我们在失望中看到希望,在迷茫中看清方向。成功其实并不遥远,只要我们善于在生活中发现,成功就会源源不断地到来。

憧憬的感染力

　　中国有句深入人心的话："有志者事竟成。"为什么有志向的人会取得成功？因为他们拥有自信。他们在最开始的时候就把自己定位为成功者，在做一件事之前，就已经无数次在心中告诉自己：我一定能成功！我一定能行！正是被这样一种自信心所激励，他们才会走向成功。

　　自信有着强烈的感染力，而这种感染力是持续不断的，它可以极大地影响我们的潜意识，让积极的潜意识指引我们，不断向着成功迈进。没有不能成功的人，只有不敢想、不敢做的人。敢想敢做需要什么？答案就是自信。

　　有些人之所以会失败，是因为他们想到的永远是自己的缺点，总是不断提及自己的缺点，于是，在憧憬的作用下，缺点被不断地无限放大了，以至于开始自我怀疑，甚至自我否定。为这样的心理所左右，可能会从希望成功变为对成功绝望，最终无法实现人生的价值。机会永远留给有准备的人，但是我们不要忘了，把握住机会之后还要去奋斗，而奋斗的精神源泉，恰恰就来自于我们坚定地自信。

　　信念是人生的太阳。如果你认为自己行，那么你真的就行。信念会永远在我们心中燃烧，信念的脚步永远不会停歇，就算我们遭遇到非常巨大的困难，只要我们还能燃起斗志，继续鼓起勇气，朝着梦想的彼岸不断前行，黑暗就会退去，黎明的光亮也终将会到来。

　　古今中外有很多关于自信的例子，通过这些实例，我们可以更充分、更深刻地理解自信带给我们的能动作用。

　　美国哈佛大学的亨利·毕其尔博士曾经做过一个非常有趣的实验：他

把100名学生分成两组，每组50人。毕其尔博士给第一组的每个人分配了红色胶囊包的兴奋剂，给第二组的学生分配了蓝色胶囊包的镇静剂，并在服用之前告诉他们分配情况。但是事实上，红色胶囊包的是镇静剂，而蓝色胶囊包的才是兴奋剂。等到100名学生都吃完之后，奇迹出现了。认为自己吃了兴奋剂的第一组学生吃完之后，表现出非常兴奋的状态；认为自己吃了镇静剂的第二组学生吃完之后，表现出非常镇定的状态。由此可见，在不同的信念支配下，各自表现出的结果是完全不同的。信念的影响力竟是如此巨大！

中国唐代曾出了个名垂千古的"茶圣"，他就是一生嗜茶、精于茶道的陆羽。

陆羽是个出生于乱世的弃儿，是竟陵（今湖北开门）城龙盖寺住持积公把他从湖边救起来，送给了一户姓李的人家抚养的。在孩提时代，陆羽在龙盖寺里读书识字，后来干脆在积公住持身边当了一个小沙弥。

陆羽不喜欢读诗文，却非常喜欢读书。他曾经读书读得入迷了而跟师父吵了起来，师父就罚他做最下等的事情，并且经常鞭打他。13岁的时候，陆羽受不了责罚，从龙盖寺跑了出来。为了谋生，陆羽藏在杂技班里，做最下等的工作。

这时候，陆羽的良师出现了，这个人就是李齐物。李齐物发现陆羽非常喜欢学习，而且非常聪明，就亲自传授他知识，并且推荐他到当地非常有名的邹夫子门下学习。

陆羽非常喜欢茶道，嗜茶如命，而且非常节俭。在钻研茶艺的过程中，陆羽不仅学会了复杂的冲茶技巧，更学会了不少读书和做人的道理。他想把茶艺这门学问推广开来，写成一本《茶经》，使之发扬光大。

后来，李齐物升迁了，崔国辅来接任。崔国辅也是一位非常喜欢品茗的人，和陆羽一见如故，渐渐成了莫逆之交。崔国辅听说陆羽要写《茶经》，非常支持他，把自己最珍爱的白驴等物送给了他。

21岁的陆羽开始了在神州各地游历的生涯。寒来暑往，年复一年，陆羽走遍了祖国的大好河山，走访了各种种茶的地方，了解了各种茶的种植、炒制、冲泡等工艺，把自己路上的见闻全部记了下来。

经过 26 年的努力，综合 32 个州县的信息，在陆羽 47 岁时，终于完成了《茶经》这部巨著。《茶经》刊印后，茶道大行天下，饮茶之风日盛。《茶经》一书为历代人所喜爱，盛赞陆羽为茶业所做的开创之功。

信念是一个人的精神支柱，它可以不断产生憧憬，让一个人在源源不断的憧憬面前继续坚持，最终到达成功的彼岸。心理学上有一个名词叫"无用意识"，它是指一个人在某方面失败多次后，自信就会消失，开始自暴自弃，认为自己是一个无用的人，再也不敢做任何其他的事情了。

人生的每一步路都不是既定的，这就要求我们面对人生苦难的时候，保持清醒的头脑，激发出我们埋藏在心底的信念。不管我们在做什么样的工作，我们都要保持自信，这样，我们的人生才会有动力，并且这种动力才会成为我们人生取得成功的最强推动力。

魔力悄悄话

信念是人生的基石。如果我们心中没有信念，就会让自己走向深渊。信念是我们心中的巨人，没有信念就根本无法唤醒我们的内心。只有拥有非凡的自信，我们才能铺好人生的基石；只有拥有非凡的自信，我们才能向着成功的方向，永不停息地迈进。

信念与行动的力量

西方有句谚语:"成功者都是咬紧牙关让死神害怕的人。"

在生活中我们如果想要成功,就应该咬紧牙关,坚定信念,如果死神看见了,他们也会觉得害怕。我们除了相信自己,坚定走下去,还能做些什么呢?

我们常说,父母是孩子最好的老师,研究发现,一个有信念并且坚定执着的母亲,她的孩子长大之后都会成才。

这就表明,母亲自信产生的憧憬已经熏陶到了她的孩子,使她的孩子在这种熏陶下不断成长。

信念是走向成功的内因,别人认为我们行,我们不一定行;我们自己认为行,我们就一定行。

成功就像大海,而我们每个人就像是一条条蜿蜒流淌的小河,我们每个人的这条小河只有靠信念支撑,才能坚持走下去,百川到海,实现自己的人生价值。

如果我们没有信念的支撑,小河依旧是小河,永远无法奔流入海,永远无法证明自己的人生价值。

实现成功的第一步是行动,如果我们每天只停留在幻想上,那么,我们和成功的距离就会越来越远。逆水行舟,不进则退。我们要做的就是不断前进,而不是停步不前,更不是不断退步。

我们要做的就是鼓起勇气,保持好信念,坚定成功的道路不动摇,这样,成功才不会离我们远去。

有些人做完事之后,总是会说:"我已经尽力了,但是我还是失败了。"你真的尽力了吗? 你的信念一直都在支撑着你前进吗? 你有没有把你的后路堵死? 你是否有一种破釜沉舟的气势? 闪亮的人生需要信念,成功的道路更需要信念,没有信念的人生是苍白无力的,只有拥有信念,我们的人生才会变得精彩,才会变得出色。

元朝时,浙江诸暨有个叫王冕的人,他非常喜欢学习,有时候为了学习和作画,竟然能忘记了时间。

因为家里非常贫困,王冕 7 岁的时候就去野外放牛。但是,一心痴迷于读书的他怎么会喜欢放牛呢? 于是,王冕就在放牛时偷偷地跑去学堂偷听老师讲课,一边学,一边用心记住。等到王冕回来的时候,才发现邻居把他的牛牵走了。

原来,王冕的牛因为没人看管踩了邻居家的田地。王冕父亲非常生气,当即责打王冕。但是,依旧喜欢学习的王冕无法遏制自己的求知欲,还是每天跑去偷听老师讲课,牛自然还会踩到邻居的地。

王冕的母亲被儿子的坚持感动了,就对丈夫说:"既然孩子这么喜欢读书,我们就让他去读书吧! 别再让他放牛了!"父亲看到王冕这样喜欢学习,也就同意了。

从此以后,王冕离开家,在村里的寺庙住了下来,每天坚持读书。当时,王冕的年纪还非常小,寺庙里的佛像面目狰狞,看上去非常吓人,但他却因为读书入了迷,对这一切毫不在意。

后来,安阳的韩性听说王冕如此专心学习,就收他为学生。经过自己的努力,王冕最终成为当时非常有名的画家、诗人。

"坚持就是胜利",不是只停留在口头上的一句话,它强调的是身体力行地坚定地去做。我们都希望看到成功,但是我们往往还没有走到终点就倒下了。

凡事应该善始善终。既然开始了人生旅程,就要坚持走下去,要不然,我们当初为什么要出发?

德国心理学家马尔比·马布科克说:"最常见同时也是代价最高昂的一个错误,是认为成功有赖于某种天才,某种魔力,某些我们不具备的东西。"其实,成功掌握在我们每个人手中,而成功就是在自信憧憬力影响下才实现的。

我们成功与否,和别人的见解与看法没有多大关系。成功是我们自己选择的人生方向,既然想要取得成功,我们就注定要风雨兼程,没有谁一帆风顺就能取得成功。

魔力悄悄话

成功来源于吸引,而吸引依靠我们百折不挠的信念。我们总是希望自己取得成功,赢得鲜花和掌声。越是希望,我们就越应该有实际行动,这样,自信才会扎根于我们心底,我们才会在它的指引下取得成功。

第五章
焕发潜在的憧憬能力

宁静,不代表没有变化,生活变好了,人也会更快乐,向往享受更好的生活,可以肯定未来的日子会越变越好。

农村的夜晚虽没有城市多彩,可是人们一样会在晚饭后出去散步,一直走到城乡交界处,谈论着这里的未来。

他们不会因为这是农村而放弃对生活享受和追求。他们虽在不是很亮的路上走着,可是心里却是明亮的,给安静的夜,添上幸福的暖色调,对未来的憧憬是现在的他们最大的特征。

让自己在苦难中提升憧憬的能力

有些人往往把别人的成功归结为运气,总是认为自己正在经历的苦难是命运对自己的虐待。但是事实并非如此,事业成功的人都是因为认识到了憧憬力的强大力量,所以,不管他们面对什么事情,都会以积极乐观的态度去面对,因此他们赢得了苦难之后的成功。失败并不可怕,可怕的是在失败的路上倒下。有些人被苦难击倒,看不到成功的光亮,原因就在于这些人常常怨天尤人,没能在苦难中采取积极的对策来应对,以至于真的彻底失败了。

乐观积极的心态是我们潜意识中的神秘力量,这种力量就是憧憬,正面的憧憬会给我们一个向上的力量,会在我们的思想里不断提醒我们,下一秒钟就是一个转机。正是因为有了积极的支撑,我们的人生才会变得精彩。

有些人认为每天衣食无忧就足够了,这些人就会随着时间的流逝丧失为成功奋斗的成功与激情。苦难也会有害怕的对象,苦难害怕永远都充满激情的人,就算是天塌了下来,充满激情的人也会昂首挺胸,笑看波谲云诡。

每一道苦难的枷锁背后,都有一把打开它的钥匙,关键在于我们愿不愿意坚持走下去,去找到这把打开苦难的枷锁的钥匙。如果没有人生的苦难,我们又怎么能体会到现在生活的来之不易呢?积极的心态是我们成功的巨大推动力,它可以增强我们的憧憬的能力,让我们达到别人难以达到的高度。

诚然,我们都喜欢躲在自己的圈子里,躲在"安全区"里,不想出来,不想经历苦难,也不想被失败所打垮。但是越是如此,人生的苦难就越会接踵而至,机会也会在你害怕的时候,与你擦肩而过。人生就要善于发掘自己的力量,不能让自己的消极情绪左右自己,这样,我们才能找到成功的方向,认清自己脚下的道路。同时,苦难也就会被我们所感染,在不知不觉中消失。

汉朝大将韩信在成名之前非常穷苦,经常没有饭吃,甚至要靠别人的接济才能生活。

韩信有一个亭长朋友,在南昌亭当差,平时的工作就是抓捕强盗,也喜欢舞刀弄棒。此人和韩信关系非常好,两人是无话不谈的朋友。韩信闲来无事,就去帮助亭长抓捕强盗。亭长为了表示感谢,就把韩信带到家里吃饭。但是,一天两天还可以,时间一长,亭长的妻子就看不下去了,觉得自己家平白无故多了一张嘴,感到很不舒服。

有一天,亭长和他的妻子早早起床,做完早饭径自吃上了。等到韩信来了之后,发现已经没饭吃了。韩信当时并没有表现出任何的不满,只是默默地走开了。自此之后,韩信就和亭长断绝了往来,开始了四下流浪的生活。

一次,淮阴城下面有一位洗衣服的妇女见韩信可怜,就好心把自己手中的食物分一半给他吃。韩信非常感动,就对这位好心人说:"等我以后成功了,会用百倍钱财回报你!"

好心妇女却说:"我帮助你,难道就是为了你的回报吗?你这么说,就太瞧不起我了!"

韩信一直记着这位在自己困难时曾帮助过他的妇女。

有一天,韩信在集市中闲逛,一群不良少年拦住了韩信。其中一个少年想要和韩信比试武功,如果韩信不敢的话,就从少年的胯下钻过去,并且还要学两声狗叫,否则他们就不放韩信过去。

韩信看到这个少年比自己高出一头,而且看上去身体非常强壮,韩信心想:如果比武,自己肯定会失败;但如果执意不答应而把对方惹急了,自己肯定也会吃大亏的。考虑再三,韩信决定认输,并且当着所有人的面学着狗叫,从少年的胯下钻了过去。最后,这帮不良少年大笑着离开了。

　　可谁也没想到,就是这样一个能忍得了胯下之辱的人,日后竟成为一代王朝的开国功臣,尊荣显贵。公元 202 年,汉朝建立,刘邦因韩信在追随自己南征北战时屡建奇功而封他为楚王。

　　人生就是一个不断磨炼的过程。如果我们拥有好习惯,面对苦难的时候,强大的憧憬就会战胜苦难,让我们在苦难背后,取得一个又一个成功;如果我们拥有坏习惯,面对苦难的时候,积极的憧憬还没来得及发挥作用,憧憬的反力就会把我们打倒,在苦难面前,我们就会显得弱不禁风。

魔力悄悄话

　　我们羡慕别人的时候,往往看到的只是别人表面上的成功,而没有发现他们的内在品质。不管是在生活还是在工作中,积极乐观的态度总是能让我们看到苦难背后的成功,总能让我们获得意外的收获,正因为如此,我们才能挣脱出失败的泥沼,走向成功的彼岸。

放松自己　做自己憧憬能力的拥有者

我们常说,人生就是一个不断寻找的过程,但是寻找的道路是漫长的,我们要给自己留下喘息的时间。适当的喘息会为我们积蓄到更多的憧憬的能力,只有如此,我们才能厚积而薄发。

我们每个人都希望别人多给自己一些鼓励,总想争第一,想要独占鳌头,鲜花和掌声数次出现在眼前,让闪光灯永远围着自己转。但我们仅仅是这样想,却没有去为此努力,结果自己的世界依然一片黑暗。

虽然我们常说视名利金钱如粪土,但是我们很少有人能超然世外,我们还是会赚钱,还是会追名逐利。欲望和淡然是不同的两个概念,我们要做的就是学会放松自己,不要被光环所麻痹。既然有人成为英雄,就会有人坐在路边为英雄鼓掌。人生不是雷同的,每个人都有自己的活法,如果我们总是强加意志给自己,总是想追求一些虚无缥缈的东西,那么,我们不仅会身心俱疲,而且还会被自己的强烈占有欲所击倒。

憧憬需要我们找到切实际的目标,而不是虚无缥缈的东西,未来很遥远,而我们要做的就是学会自我调节,不为生活所累。我们是生活的主宰者,而不是生活的奴隶,我们要做的就是放松自己,停下脚步,学会静下心思考,而我们的憧憬也会因为我们的放松而变得更有光彩。

人生之所以让人期待,是因为人生充满了未知的行为,我们不能把自己的主观意愿强加到未知之上,我们要做的就是客观实际地评价自己,然后再去找寻人生的方向。我们不能因为别人成功,而幻想自己在那个位置也会成功。如果我们想要成功,我们就需要学会放松,我们不是上紧发条的机器,不可能一天24小时都在工作。

如果我们暂时无法取得成功,却又想过安宁和放松的生活,我们的憧憬就会互斥,让我们无法静下心来奋斗。面对这种情况,我们要告诉自己不要着急,要学会放松,只有这样,我们的人生才不会迷失方向,而这一积极的心态,还会在一定程度上对我们憧憬进行刺激,促使其发展壮大。

每个人都有属于自己的路,条条大路通罗马,所以我们不要羡慕别人的康庄大道,也不要为自己的狭窄小路而悲伤。不管人生走向如何,我们要做的就是走好自己的每一步,只有不断坚持,学会调节自己,即使是狭窄小路,也能被我们走成康庄大道。

不要去和别人相比,因为你只为自己而活,你要做的就是在自己的成功路上不断奔跑。与人无争,与己有求。我们只有做好自己,才能在成功的路上走得更远。如果我们想让憧憬发挥巨大作用,就应该先认清自己,因为我们才是自己憧憬能力的缔造者。

找到自己的人生位置,确定好自己的人生目标,不管在什么时候,我们的人生都会充满自信。憧憬是我们由内而外散发出的磁场,而我们要做的就是行走在正确的路上,让憧憬发挥出最大的能量,只有如此,我们才能赢得成功。

魔力悄悄话

人生要学会自我估计,别人认为好的不一定就好,只有适合自己的才是最好的。放松自己,卸下内心的包袱,憧憬才会在我们的心底开出花来。

积极地面对问题

鲁迅先生在《记念刘和珍君》一文中曾写道:"真的猛士,敢于直面惨淡的人生,敢于正视淋漓的鲜血。"如果我们总是选择逃避,等待我们的,将会是现实最无情的打击;如果我们主动积极地面对问题,敢于正视自己,敢于正视世界,我们就是真正的勇者。

敢于站出来面对问题的人,就会拥有憧憬,而这种憧憬会不断吸引到身边的人,让自己和别人都能感觉到你的责任感、使命感。正因为如此,你才会展现出与普通人不同的憧憬,而这种憧憬为我们带来的就是成功的青睐。

我们常常会把"责任重于泰山"放在口头上,但往往说得多做得少。既然是自己做的事情,不管是好还是坏,我们都应该勇于承担,这才是我们每个人应该做的。敢做敢当,并不仅仅停留在口头上,更应该是我们每一天身体力行去做的。而正是这种超强的责任感会让我们形成一种憧憬磁场,而这样的憧憬力会不断影响到我们,让我们明白,做了就要勇于担当。

孔子说:"知错能改,善莫大焉。"如果我们出了过错,总是搪塞、掩饰,这样只会让小错变成大错。犯了错误就要勇于承担,这样,别人不仅不会嘲笑你,反而会被你的精神所折服,被你强大的憧憬的力量所感染,而成功也会在你的人格魅力下被吸引。

勇敢站出来,我们的人生才会变得豁达,变得精彩。如果我们总是不敢承认,不仅成功不会眷顾到我们,而我们的人生也会将会因此变得苦涩。一位伟人曾说:"人生所有的履历,都必须排在勇于负责的精神之后。责任是使命,责任是动力,一个具有强烈事业心、责任感,对工作高度负责的人,才可能有强烈的使命感和强大的内在动力,才能做好本职工作,才能勇于担当;而一个没有事业心和责任感的人,是不可能勇于担当的。"人生贵在担当,我们既然做了,就要对自己做过的事情负责,这样,我们的人生才会展现出难以想象的憧憬力量。

虎门销烟的林则徐曾说:"苟利国家生死以,岂因祸福避趋之。"不管事情如何,既然是你的责任,你就应该勇于承担起自己的责任。伟人之所以是伟人就是因为他们有不断奋斗前行的精神和勇于担当的勇气。人生是一个自我实现的过程,而我们要做的就是承担起自己所需要承担的责任,尽到自己应该尽的义务,这样,我们才能说,我们的人生没有荒芜。

有人说,是"9·11"成就了纽约前市长鲁道夫·朱利安尼。的确,当世界贸易中心双塔倒塌时,朱利安尼第一时间赶了过来,直接或间接地下达了数百道命令,他亲自指挥在场的数百名人员进行救援活动,抢救遭摧毁的公共设施,并且前往医院慰问受伤者和罹难者的家属。他说:"我必须露面,我是纽约市市长,如果我没有出现,将对这个城市更加不利。"

在那段时间里,朱利安尼频繁出现在全国性媒体的电视画面和广播上,提供各种重要的信息给全国民众。举例而言,他号召大众进行遍及全市的反恐行动,澄清了纽约市并没有遭遇生物或化学武器攻击的迹象,他还说:"明天的纽约就将屹立于此,我们将要重建,而且我们也会变得比之前更坚强……我希望纽约市民们替全国的人民做好榜样,也替全世界的人们做好榜样,告诉他们,恐怖主义不会阻止我们的。"

在朱利安尼坚强、理智的带领下,纽约市民走过这场前所未有的变局。"9·11"灾难处理事件可以说是朱利安尼生涯中最闪亮的一刻,他临危不乱的领导能力获得了各方的赞美。从那之后,"美国市长"这一称号便一直伴随朱利安尼至今。

憧憬的魅力因为担当而变得精彩,发生的问题既然已经发生了,就已经成为既定事实了,想要改变已然是不可能的了,而我们要做的就是接受不能改变的,勇于承担责任。我们不怕走错路,也不怕犯错误,而我们在事后最应该做的就是勇于承担责任,而憧憬也会因为我们勇于担当而展现出更大的魅力。

　　人生没有终点，有的只是不断奋斗的过程，而在奋斗过程中，我们会遇到各种各样的问题。如果我们想要解决问题，首先要做的就是学会面对问题，只有正视问题的人，才能把问题很好地解决。

魔力悄悄话

　　憧憬之所以能够起到非常大的作用，关键就在于它会为我们指明人生的方向，告诉我们如何才能把问题解决好，怎么样才能拥有超凡的磁场，怎么样才能走向成功。憧憬给我们带来的都是向上的积极思想，而这些积极思想就是我们成功地最好保障。

永远的憧憬

在人生道路上不管发生什么事,事情终究会过去,我们要做的就是相信自己,看清脚下的路,一步一个脚印,坚定地走下去。我们无法选择出身,也无法选择死亡,我们只能选择人生的过程。无论如何,人的一生终将走到尽头,我们要做的就是不断向成功迈进,告诉自己成功的道路就在我们脚下。

人生有高潮就会有低谷,我们要告诉自己不因失败而气馁,不因成功而骄傲。因为人生并没有因为成功或者失败而终结,成功或者失败只是一个新的起点。我们要做的就是朝着成功的方向不断前进,不要因为一时的得失忘记自己的最终目标。

我们渴望成功,希望自己永远不会偏离成功的轨道,希望自己在梦想的方向上永远前进。而这种不断的坚持就会产生强大的憧憬的磁场,憧憬力磁场就会产生强大的助推力,让我们在成功的路上快速前进。

看清脚下的路,我们才会清楚地知道自己的未来在那里。只要我们行进在成功的路上,就是在给自己进行积极的心理暗示。因为只要自己一直都在路上,就不会让希望远离自己。人生的舞台不在于多大,关键就在于是否适合你,你要清楚的是,自己的双脚是否已经站稳,是否发挥了你人生的最大潜力,是否在成功的路上越走越远。

成功只留给有准备的人,就算我们没有成功,我们也要倒在成功的路上。人生就是一个奋斗的过程,即使我们不能成功,也要尽自己最大努力去实现自己的价值,这样,我们才可以对自己说,我的一生没有虚度。

中兴汉朝的光武帝刘秀靠武力得到了天下,而治理国家时却是依靠法

憧憬力——病树前头万木春

令。虽说是王子犯法与庶民同罪，但是约束皇亲国戚，这些法令就显得无力了。

刘秀的大姐湖阳公主就是一个不遵法令的典型。她仗着自己是刘秀的姐姐，简直为所欲为。不仅是她，就连她的奴才也是如此。

在当时，满朝文武中只有一个铁骨铮铮的汉子，他叫董宣。在他的眼里，法令是绝对高于特权的。

有一次，湖阳公主的奴才行凶杀人之后，就躲在府里不出来。如果换了别的官员来主管这件事，这个家奴在府里躲一阵，事情也就不了了之了。但这次，他碰上的是董宣。依照法令，董宣是不能随便去公主的府里搜查的。于是，他索性就为公主看起门来，守株待兔，等着那名奴才出来。

过了一阵，湖阳公主外出，这名奴才跟着公主出行。董宣闻声后，马上就赶了过来，拦住了湖阳公主的马车。

湖阳公主当即大怒："你好大的胆子，你也不看看我是谁，竟然敢拦我的马车？"

董宣毫不畏惧，把手中佩剑拔了出来，对公主说："你不应该纵容家奴行凶杀人，这触犯了国家的法令！"董宣当即下令把那名奴才绑了起来，并就地处决。

湖阳公主气得门也不出了，当即去向光武帝哭诉。光武帝听完之后也非常生气，就传召董宣进宫，准备当着公主的面责骂他一番，给公主出气。

没想到董宣却说："陛下，请您先不要责备我。等我把话说完之后，就算是马上死在陛下面前，我也心甘情愿。"

光武帝问："你想说什么话？"

董宣说："皇上是一位明君，自然知道法令的重要性。如果法令只约束臣民，对皇亲国戚却没有约束力的话，国家还成什么样子？现在公主的家奴行凶杀人，如果不处决他，怎么能堵住天下的悠悠之口？'防民之口，甚于防川'啊！"

董宣说完就向宫内的柱子撞去，等到被内侍拦住的时候，董宣已经血流满面了。

光武帝觉得董宣说得对，但为了顾全公主的面子，就让董宣给公主磕

134

个头道个歉。但是董宣却不买账，死都不愿意磕头。

这时，内侍就按住董宣的头，想强制让他磕头，但却奈何不了董宣。内侍只得说："他的脖子太硬，我们按不下去！"

光武帝只是笑笑，就让内侍把董宣拉了出去。

最后，光武帝不仅没有治董宣的罪，反而赏给他了 30 万钱作为奖励。"强项令"董宣也从此名垂青史。

"强项令"董宣坚决地用自己的脖子维护了法律，因为他知道，如果自己不坚持就会失败，而法律也就成了一纸空文。

人生因为奋斗而光彩夺目，没有奋斗的人生就像是枯黄的野草一样，没有一点生机。成功因为很难实现，所以才显得珍贵。既然渴望成功，我们就要不断追寻，就算成功的道路再艰险，我们也要用信念铺平成功的道路，也要用自己的双脚丈量出成功与现实的距离。

魔力悄悄话

想成功就要先付出，世界上没有免费的晚餐。憧憬需要我们和成功相互吸引，这样，我们才会离成功更近。人的一生没有长短之分，有的只是我们在成功路上不断奋斗的身影。成功的道路已经为我们展开，起跑线也已经开始，我们何不放开手脚，搏上一搏呢？

行动让憧憬更有力量

美国得克萨斯大学认知心理学家阿特·马克曼博士曾经说："假如你只经过行动来通知他人你的目的，你的行动力就会比较强；假如你还有其他方式来通知他人你的目的，你的行动力就会削弱。因而，假如你准备做成一件大事，最好只做不说。"我们每个人都应该如此，与其做事之前向世界宣布，不如低下头马上采取行动。

有些人在做事之前，总是习惯把自己的想法说出来，觉得这样可以增加成功的机会，但是事实却恰好相反。行动是世上最美的语言，与其空口说白话，不如把时间和精力都放到行动上，只有少说多做，我们才有能取得成功。

行动力超强的人，会自然而然地散发出憧憬的力量，并影响到自己，让自己努力奋斗的目标更加清晰。目标不是轻而易举就能实现的，而是需要我们静下心来，调整好自己，努力奋斗才能实现的。我们形容一个人的时候，常常会说他"行动如风"，事实上，快而有效的行动不仅会带来风，而且能带来憧憬。憧憬会在我们行动的时候不断影响我们，影响到我们的潜意识，让目标成为我们不断吸引的对象，使我们在达成人生目标的道路上坚持不懈地走下去。

美国纽约大学心理学教授彼得·高尔维泽曾经说过："人们公开宣称自己的目标反而不容易成功。"如果我们把目标说给别人，就会削弱我们奋斗的心；而如果我们把目标写在纸上或者是暗暗记在心底，尽快地采取行动，目标就会更加容易实现。

有一个人在确定目标之后，每时每刻都告诉自己要马上行动，因为他知道,行动才是成功的先行者。这个人的职业是美国海岸警卫队的一名厨师,最开始的时候,他帮助同事们写情书,坚持一段时间之后,他发现自己已经喜欢上了写作。于是,他又为自己定下了一个更长远的目标,他要在3年时间里写出一本长篇小说。

他知道,时不我待,应该马上采取行动。每天天黑后,同事们都去娱乐了,只有他躲在屋子里,拿起笔不停地写写画画。8年之后,他才在杂志上发表了自己的第一篇小说,虽然稿酬仅仅是可怜的100美元。但是他没有气馁,他看到了自己的潜能,更加坚定了写长篇小说的信念。

退役之后的他依然笔耕不辍,但是因为没有固定工作,再加上稿费少得可怜,他手上的钱甚至连一天的温饱都无法满足,但是他仍然坚持,他相信,自己一定能取得成功。有一个朋友给他介绍了一份政府部门的工作,但却被他婉言谢绝了,他说:"我的梦想是成为一名作家,所以,我必须坚持,每天都要不停地写作。"

就这样,12年匆匆而过,他忍受了常人难以想象的折磨,终于写出了自己梦想中的那本书。12年的不断坚持,他的手指因为写书已经变形了,而他的视力也因为伏案写书下降了很多。

他的小说引起了世界的关注,书籍销售量大得惊人,不仅如此,这本小说还被改编成了电视剧,创造了电视收视历史上的最高纪录,而他也因此获得了当时美国新闻界的最高荣誉——普利策奖,收入一下子就超过了500万美元。

这位坚持不懈的作家就是亚历克斯·哈利,而这本小说就是非常出名的《根》。

成名之后的哈利说:"取得成功的唯一途径就是'立刻行动',努力工作,并且对自己的目标深信不疑。世上并没有什么神奇的魔法可以将你一举推上成功之巅,你必须有理想和信念,遇到艰难险阻必须设法克服它。"

会说话的人不一定真的有能力,有能力的人一般都是采取行动,并且持之以恒去努力的人。哈利就是如此,他很少和别人说出自己的梦想,但是他的内心因为这个梦想在不断燃烧,所以他才功成名就,被众人所熟知。

憧憬力——病树前头万木春

　　有些事情根本不需要说，但是只要我们去做，我们就会发现，其实，我们离梦想很近很近。桃李不言，下自成蹊。少说多做才是成功的不二法门。为什么成功者的憧憬不会断绝？主要就是因为他们把自己要说的话全都付诸行动了。

　　说到不如做到，美国著名成功学大师杰弗逊说得好："一次行动足以显示一个人的弱点和优点是什么，能够及时提醒此人找到人生的突破口。"但凡成功的人都是坚持不懈的行动大师，他们用自己的坚持和汗水书写出了一段又一段传奇。

魔力悄悄话

　　既然我们想要实现梦想，想要到达成功的彼岸，我们要做的就是马上采取行动，这样，我们的人生才会因为行动而变得精彩。行动能让一个人的自信更强烈，能让一个人更有憧憬的力量。如果你想要取得成功，那就马上采取行动吧！

敞开你的心扉

在人生的广阔空间中,我们总希望有一片属于自己的领地,这片领地只属于自己,任何人都不得进入。但是,我们要清楚的是,在实现梦想的路上,我们必然会遇到形形色色的人,我们不知道下一秒钟会发生什么情况,所以,我们要做的不是封闭自己,不是孤立自己,而是应该努力多认识一些人,多积累一些经验,这样,我们才会走出自己的小圈子,接纳社会的大圈子,充分利用人脉资源,创造美好的人生。

人的心理和梦想有着千丝万缕的关系,如果我们想要收获更多,首先要做的就是付出更多。"将欲取之,必先予之",说的就是这个道理。走在人生漫漫长路上,不懂得交际是无法成功的。如果我们总是故步自封,总是停留在自己的方寸之地,摆出一副众人皆醉我独醒的样子,与人保持距离,长此下去,我们就会为世人所不容,不仅我们的憧憬会消失得一干二净,就连我们的未来也将会充满黑暗,毫无出路。

我们每个人都需要朋友,更需要对自己负责,这样,我们才会敞开心扉,愿意与人交流,使我们的人生因为交流而变得精彩,使我们因为被人欣赏而重新焕发激情与憧憬。生活中的每个人都不是单一存在的个体,而是有着人际关系圈的群体,我们身边有亲人、朋友、同事等等,如果我们总是拒人于千里之外,就会失去朋友,等到我们遇到困难或者失败了,我们自己就会变得孤单无助。平时没有对别人敞开心扉,别人就自然不会主动帮助你了。

一个人的憧憬需要被人欣赏,憧憬才能发挥出最大作用。人是群居动物,我们需要的是交流,而不是自闭。把我们的思想与别人分享,我们才会得到别人的认可与欣赏。如果我们总是孤芳自赏,就无法全方位地认清自己。

　　没有朋友的人生是可怕的。只有把每个人放到人际关系圈中去检验，我们才能看到他的优点、缺点，如果我们总是自诩为人上人，总是摆出一副盛气凌人的架子，谁还会愿意与你为伍呢？如果没有人欣赏，那么，我们的憧憬也会变得子虚乌有，根本没有存在的价值了。

　　憧憬的磁场是强大的，我们要做的就是让憧憬找到最适合它生长的沃土，使其茁壮成长，而我们的心灵也将会因为获得滋养而变得越来越宽广。

　　威廉·奥斯勒还在上学的时候，对生活总是提不起兴趣，好像每一天都很疲惫，做事时犹豫不决，畏首畏尾。正是因为如此，威廉·奥斯勒平时错过了很多机会。

　　一次偶然的机会，威廉·奥斯勒读到了汤姆士·卡莱里的一本书，书中有这样的一段话："最重要的就是不要用过去的阴影看远方模糊的未来，而要毫不犹豫地做手边清楚的事。"威廉·奥斯勒如梦方醒，他决定改变自己，每天都要让新的生活影响到自己，告诉自己不要再怯懦胆小了，遇到事情，要果断去做，而不是继续选择逃避。

　　威廉·奥斯勒真的改变了，他把自己过去的消极思想全部抛却了，他开始变得坚强了，他感觉自己的人生真的充满了乐趣。在这种积极思想的支配下，威廉·奥斯勒开始学医，因为他喜欢医学。经过努力。他成为一名医学家。后来，威廉·奥斯勒创建了世界上非常著名的约翰·霍普金斯医学院，又成了牛津大学的讲座教授，还被英国国王加封为爵士。

　　威廉·奥斯勒曾经在回忆自己的转变时说："我用铁门隔断了过去与未来，而在今天，我选择用百倍的勇气来做我想做的事情，所以，我取得了成功。"威廉·奥斯勒的这段话，影响了无数人。

　　比大地更宽广的是海洋，比海洋更宽广的是天空，比天地更宽广的是心灵。如果我们的心灵不够宽广，我们最应该做的就是敞开它，唯有如此，我们才能看到世界的美好。人生的路需要我们一步一步坚定地走下去，梦想实现的过程也需要我们脚踏实地地去走。心灵是最宽广的，我们要做的就是让心灵更加宽广,而我们也将会受到心灵的影响,变得豁达开朗,而我们的人生也将会更上一层楼。

憧憬的力量既然存在,就必然会有它存在的价值,所以,我们需要的就是让它最大限度地发挥出自己的作用,这样,我们的人生才会而变得精彩。

魔力悄悄话

成功是为拥有成功心灵的人准备的。如果我们没有这样的心灵,就应该及时培养,这样,我们才会无限趋近于成功。试着去敞开心扉吧,我们将会看到生命的美好;试着去敞开心扉吧,我们的人生将会变得更加精彩!

负面思想太多就没有憧憬

在人生中,如果我们总是拘泥于负面思想,我们就会被这样的负面潜意识所影响,长此下去,我们就会失去美好的憧憬。人的思想不是单一的集合,我们每个人的精神世界都是正面思想和负面思想的结合体,如果想要成功,就要做足功课。尽量消除负面思想,只有如此,我们的正面思想才能占据主导地位,正面思想主导地位带来的就是成功的实现。

负面思想只是纸老虎,我们一捅,它就会破。因此在人生路上,就算我们跌倒了也不要害怕。失败了,爬起来看看脚下,想想失败的原因,知其然才能知其所以然,这才能让成功近在咫尺。失败是成功的先行者,是对我们抗压能力的一次考验。

最初的我们都是一块块大小不一、棱角鲜明的石头,经过社会的不断冲刷,这些石头才会变成没有棱角、形状差不多的鹅卵石。而我们如果想要消除这些负面思想就要坚定信心,然后客观分析自己,这样,负面思想才会消失。如果我们不能正确分析问题,总是喜欢把负面情绪扩大化,后果就一发不可收拾了。

人生是一个不断完善的过程,我们每个人都不是完美的,这就注定我们要接受人生的历练,通过自身的努力打磨之后,我们才能脱胎换骨,才能从不完美中走出来,让自己变得更加完美。如果我们的憧憬的能力弱,那么,我们就应该通过完善自己来增强;如果我们的憧憬的能力强,那么,我们就更应该沿着这条道路奋斗。只有做好自己,坚持不懈地奋斗,我们才可以说,我们的人生因为奋斗而变得精彩。

成功或者失败,只是人生的一次历练,未来之所以让人着迷,是因为它的未知。人生没有坦途,有的只是把歧路变成坦途,以及让我们继续奋斗下去的勇气。人生是一个不断自我实现的过程,既然我们要实现自己的价值,就一定要把握好自己,不要让自己在人生旅途中掉队。人是会思考的动物,我们要有摒弃负面思想的主观欲望。同时,我们也希望自己变得光鲜亮丽,成为众人瞩目的焦点。越是如此,就越需要我们时时保持清醒,这样,我们的人生才会因为奋斗而变得精彩。

李·艾柯卡曾经是美国福特汽车公司的总经理,之后,他又成为克莱斯勒汽车公司的总经理。虽然我们现在看到的都是他的成功,但是他也有过挫折失败。面对层层危难的考验,李·艾柯卡挺了过来。他曾说:"奋力向前。即使时运不济,我也永不绝望,哪怕天崩地裂。"正是这种积极心态的指引,使李·艾柯卡不断向成功迈进。

李·艾柯卡刚刚年满 21 岁时,就到了福特汽车公司当了一名见习工程师,但是,当时的李·艾柯卡另有梦想,他想从事销售工作,他喜欢和人交流,对眼下这些烦琐的技术工作提不起半点兴趣。

李·艾柯卡坚信自己的梦想,并且一直努力坚持走下去。经过一段时间的努力,他终于从一名普通的推销员,做到了福特公司的总经理。但是,人生有高潮,就有低谷。1978 年 7 月 13 日,当了 8 年福特汽车公司总经理的李·艾柯卡被解雇了。昨天的他还在被万人敬仰,但是今天的他却成为最最普通的一个人,他突然间就失业了。

李·艾柯卡心想,既然艰苦的日子已经来临,如果选择屈服,给自己带来的只能是灾难,而自己要做的就是做个深呼吸,勇敢地去面对生活的挑战,这样,自己才有可能在成功的道路上继续前进。

李·艾柯卡重拾了信心。他应聘到了濒临破产的克莱斯勒汽车公司担任总经理。临危受命的李·艾柯卡并没有因为公司濒临破产而倒下,而是想要依靠自己 8 年总经理的经验来挽救濒临破产的公司。

李·艾柯卡开始发挥自己的经验与智慧,对公司内部进行整顿、改革,又和国会议员进行了大规模的辩论,并由此获得了大笔贷款,让濒临破产的公司再次走上了良性发展的道路。

1983 年 8 月 15 日,克莱斯勒公司还清了所有的债务。恰恰是 5 年前的这一天，福特汽车公司把李·艾柯卡开除了。如果当初，李·艾柯卡选择放弃，对自己自暴自弃，最后的结果只能是让自己走向深渊。现在，李·艾柯卡从心理落差中缓了过来，走出了失败的阴影并且迅速找到了自己的人生方向，最后取得了成功。

对命运不屈服，找到属于自己的人生方向，我们的人生才会变得精彩。对负面思想持什么态度，关键要看我们自己，如果我们像李·艾柯卡一样及时调整自己，把负面思想抛之脑后的话，我们的信心就会重新溢满心间，而成功也会在不远处等着我们的到来。

不管是什么样的思想，只要能促使我们迈向成功，让我们的憧憬的光芒不会消散，这样的思想就是好思想。负面思想如果能加以利用，我们就能沿着成功的方向继续寻找，而经过负面思想洗礼的我们，会感觉自己的心理承受能力提高了很多，而梦想也会因此变得不再遥远。

魔力悄悄话

憧憬是否能起到作用，关键就在于我们是否能把握住自己。要正确看待负面思想，我们才会重新找到憧憬的支点，这样，憧憬的能力被激发也就成了一件非常简单的事情了。

憧憬的磁场

在人的一生中,挫折和失败都只是暂时的,并非一世存在。负面思想也是如此,我们要做的就是摆正自己的心态,多去想想一些美好的东西,这样,我们的意志力才会坚定,此消彼长,负面思想才会变得薄弱,变得不堪一击。

人生就是一个不断超越自己的过程。如果我们总是被负面思想影响,那么,我们的人生就会充满消极情绪,长此下去,我们的人生将毫无意义,很有可能会走向极端。有些人害怕挑战,但越是如此,挑战越是飞速而至。人生中没有一成不变的事情,我们要学会用发展的眼光看待问题,任何事情都处在不断变化的阶段,我们要做的就是忍常人所不能忍,让负面思想的阴霾尽快消散。

一时并非等于一世,时间可以改变很多东西。如果想要让憧憬发挥最大作用,我们就要学会转换角度,用长远的眼光去发现、解读人生,这样,成功之门才会为我们而打开。人生需要意志,憧憬会产生磁场,我们要做的就是学会忍受,学会求变,将负面思想剔除光,只有这样,我们的憧憬才会在正面思想的催化中逐渐发展光大。

成功就像是一场长跑比赛,起点都一样,没有先后,但是随着比赛时间的推移,奔跑中的我们之间就会拉开差距。我们要做的就是不断激发出自己的憧憬的能力,让自己快速地向梦想靠拢,不要被路上的风景所迷惑,更不要因为路上的负面思想而止步不前。人生需要的就是不断前进,如果我们被不断前进的意识所左右,我们就会感觉不到时间的流逝,而负面思想也会随着时间的流逝变得暗淡。

既然渴望成功,就要勇敢去追寻;既然不需要负面思想,就要学会遗忘。你越是强大,负面思想对你的影响就越小。人生中的每一天都充满变数,如果我们总是为身边的琐事所困,我们的负面思想就会以几何级数增长,而我们要做的就是学会抵制,放下负面思想,尽量让正面思想补充进我们的头脑,有了正面思想的不断加入,我们的人生才会充满希望,这时,我们才有勇气说,我们一直都在成功的路上。

我国著名的围棋大师聂卫平,曾经在国内外的多次重大比赛中取得了优异成绩。他的成功与其个性密不可分。聂卫平上进心极强,任何有竞争性和挑战的比赛他都喜欢。谁都知道下围棋需要随机应变,聂卫平在与人较量时,总是杀得天昏地暗。为此,日本人很怕他,还称他为"聂旋风"。

在第一届中日围棋擂台赛上,聂卫平出场3次。按照中国围棋队赛前的目标来看,只要他打败小林光一,就算是完成了预期目标,这个目标聂卫平一上场就完成了。接下来,聂卫平要与加藤正夫进行比赛,如果这一场他赢了,那就是大胜。在此前的一年,加藤曾经在三番棋中以2:0击败聂卫平,这盘棋对于聂卫平采说带有"雪耻"的色彩。一年后的这场比赛,聂卫平却下得非常流畅,有如神助,上进心极强的聂卫平最终胜了加藤正夫。

最后一局,聂卫平的对手是滕泽秀行。前两场比赛聂卫平已经赢了,即便这一盘他输了,他依然是英雄。但是,聂卫平却给自己定了一个目标:只能赢,不能输!聂卫平认为,如果不能达此目的,对中国棋坛、对中国人民来说,都是一种遗憾。

在6个多小时的激烈角逐中,聂卫平没有吃一口饭,由于体力消耗过大,他还吸了两次氧。最终,聂卫平胜了滕泽秀行,以3战3胜的战绩为中国争得了荣誉。

聂卫平有着一种不服输的精神,这种精神让聂卫平看到了希望,进而克服掉了负面思想。梦想之所以珍贵,就在于它是我们心中的一座神圣殿堂,无论日晒雨淋还是严寒酷暑,它一直都在那里,岸然屹立在我们心中。

我们不要害怕负面思想,我们越是害怕,负面思想就会越清晰。我们的这种害怕正是负面思想滋长的温床,本来,负面思想只能影响我们一时,但是正因为有了我们的害怕,负面思想就会影响我们更长时间。负面思想影响时间的加长,带来的后果就是我们憧憬能力的逐渐消退。长此以往,憧憬就会从我们身体里隔离出去,而我们的人生也会因此失去了本应有的味道。

面对负面思想,我们要做的就是拥有超凡的意志力,只有拥有这样的意志力,我们才能练成抵制负面思想的金钟罩,只有这样,梦想和现实才会靠近。人生的精彩在于它有各种各样的味道,而我们要做的就是逐一品尝,不能单单因为负面思想而放弃其他味道。

魔力悄悄话

憧憬人人拥有,关键就在于我们善于发现,并在发现之后善加利用。负面思想是我们的劲敌,而我们要做的就是好好把握住负面思想,不让它滋生,这样,我们的憧憬才能拨开浓雾见青天,而我们的人生也会因此散发出多姿多彩的颜色。

第六章
拥有憧憬的人生

我们必须拥有憧憬力，要积极地去感悟，哪怕仅仅是对时间的流逝。每一次的感悟都是思想的一个台阶，这一个个台阶垒起来，就是通向成功的必经之路。年轮只是一种表象，真正充实内心的则是每一分感悟背后的成熟、通达，这让生命多了很多的主动色彩，也能够掌控生命进程的方向。

生活其实并不会发生太大的变化，诚如一首歌的词："星星还是那颗星星，月亮还是那个月亮……"如果你认为它们发生了变化，其实恰恰是你自己的心态变了。

欣然地接纳你自己

心理学家们提出了实现自我超越必经的四个阶段：接纳，即接纳自我与自我所在的现实环境行动，即对自己决定的事付出行动，并全力以赴；情感，工作学习时投入情感，并乐在其中；成就，指通过上述三步的努力就会自然获得想要的结果。如此看来，要想获得人生的成功和超越，首要的一点就是欣然地接纳自己。在此基础上，才能凝结智慧、激发心理潜能，实现对自身能力和素质的突破及人性的完善。

而欣然地接纳你自己，要求你既得接受自己的优点，又得接受自己的缺点。然而，在实际生活中，不能够完全地接纳自己的例子屡见不鲜。有些人在踌躇满志的时候，又往往不敢正视自己内心的愧疚，在垂头丧气时，却又不敢相信自己拥有的优点和取得的成就；有些人因为自己偶尔的消极情绪而认为自己是"扶不上墙的烂泥"，于是，一蹶不振；有些人甚至因为他人对自己的不认可而自暴自弃。

恩莫德·巴尔克曾警告说："以少数几个不受欢迎的人为例来看待一个种族，这种以偏概全的做法是极其危险的。"在今天，对人的个性采取以偏概全的做法，同样也是极具危险的，我们应该避免这种做法。我们对别人具有攻击性、怀有恶意，甚至仇恨，这些感情是人性的一部分，但我们不必因此就厌恶自己，觉得自己就像社会的弃儿一般。意识到这一点，我们就能在精神上获得超脱和自由。

唐恩自认为是当音乐家的料。可是，在他朋友的记忆中，上初中时他演奏手鼓并不怎么高明，唱歌又五音不全，实在让人不敢恭维。

中学毕业后，唐恩为实现当歌唱家兼作曲家的理想，去了"乡村音乐之都"纳什维尔。

唐恩到那儿后,拿出有限的积蓄买了一辆旧汽车,既做交通工具又用来睡觉。他特意找到一份上夜班的工作,以便白天有时间光顾唱片公司。在这期间,他学会了弹吉他。好多年时间,他一直在坚持写歌练唱,叩击成功之门。

终于,他成了一个出色的歌手!卡皮托尔公司为唐恩出了许多唱片,他在全国每周流行唱片选目中名列前茅。在当时一套畅销的乡村音乐唱片集中,主题歌《赌徒》即是唐恩的杰作!

从那时起,唐恩·施里茨创作演唱了23首顶呱呱的歌曲。

欣然地接纳你自己,不是欣赏和无条件接纳自己的缺点,而是欣赏和愉快接纳有缺点的自己,即使某些客观存在已经不能改变,但也要改变那些能改变的,不故步自封,用自己独特的方式奏响独特生命中与众不同的乐章,努力实现自我超越。

我们更不能因为别人的嘲笑而片面地看待自己,而应该综合考察、实事求是地了解自己、接受自己。很多人常常过分严格地要求自己,凡事都希望完美无缺。然而,我们所做的一切都不是十全十美的。我们无法要求自己完美无缺,我们只能努力把自己变成一个有很少缺点的人。我们要学会适当地宽恕自己,坦然接受并努力克服自己的某些缺点,这样我们才能生活得比较轻松,才能保持内心的平静。

美国纽约一位精神病医生遇到一个病人,这个病人酒精中毒,已经为此治疗了两年。

有一次,病人来看医生,要进行心理治疗。病人告诉医生说,前两天他被解雇了。当心理治疗完毕后,病人说:"大夫,如果这件事发生在一年前,我是承受不住的。我想自己本来可以做得更好,避免这类事情的发生,但却未能做到,为此我会去酗酒。说实话,昨天晚上我还这么想呢。但我现在明白了,事情既然已经发生了,就该正视它,坦然地接受它。失败就像成功一样,是人生中难得的经历,它是我们人生中不可避免的一部分。"医生认为，病人对自己如此宽宏大度，这是一个显著的进步。正像医生所预测的那样，此后，在另外一个工作领域，这个前来求医的患者取得了令人瞩目的成就。

　　每个人的性格中都有引起失败的因素，也有走向成功的因素。
　　我们有时可以把自己想象得更好一些，有时候也可把自己想得差一点，但永远都不要苛求自己完美无缺，永远都要保持一个良好的自我感觉。

魔力悄悄话

　　如果人们能坦然接受生活的全部，"不以物喜，不以己悲"，那么，不论是成功还是失败，都不可能使他为之所动。

不要为打翻的牛奶哭泣

你可以设法改变三分钟以前发生事情所产生的后果,但你不可能改变三分钟之前发生的事情。

"不要为打翻的牛奶哭泣"是一句古老的英国谚语,但许多人并不能真正理解它的意义。

在纽约的一所中学任教的霍普金斯老师给他的学生上过一堂难忘的课。

他所教的班级中的很多学生常常为自己的成绩感到不安。他们总是在交完考试卷后充满忧虑,担心自己不能及格,以致影响了接下来的学习。一天,霍普金斯老师在实验室里为孩子们讲化学试验。他把一瓶牛奶放在试验台的边缘,很容易碰掉。

所有的学生都没有注意到这瓶牛奶。在试验过程中,一位学生碰了牛奶瓶,瓶子落在地上,碎了。

正当学生为打碎瓶子而不知所措的时候,霍普金斯老师对着全体学生大声说了一句:"不要为打翻的牛奶哭泣!"然后他把全体学生都叫到周围,让他们看着地上破碎的瓶子和淌了一地的牛奶,一字一句地说:"你们仔细看一看,我希望你们永远记住这个道理。

牛奶已经流光,瓶子已经碎了,不论你怎样后悔和抱怨,都没有办法再让瓶子复原。你们要是事先想一想,加以预防,把瓶子放到安全的地方,这瓶牛奶还可以保存下来,可是现在晚了,我们现在所能够做的,就是把它忘记,然后注意接下来要做的事情。"霍普金斯老师的这番话,使学生们学到了课本上从未有过的知识。许多年后,这些学生还对这一课留有极为深刻的印象。

也许你认为"不要为打翻的牛奶哭泣"是陈词滥调。不错,这句话的确很普通,说是老生常谈也可以。

但是你不能不承认,这句话所包含的智慧经过了无数人的验证。但现实生活中,很多人常常忘记这句话。

应当说,你可以设法改变三分钟以前发生事情所产生的后果,但你不可能改变三分钟之前发生的事情。也就是说,你无法让时间倒流回到过去,无法让已经成为事实的错误消失,但是你可以让错误成为你未来成功的基石。

唯一能够使过去产生价值的办法是,以平静的态度分析当时所犯的错误,从错误中得到教训,把教训铭刻在心,然后把错误忘掉。别忘了,你还要面对新的生活。

做到这一点,是需要勇气和智慧的。

一位著名的足球运动员谈起他输球后的感受:"过去我常常这样做,为输球而烦恼不已。现在我已经不干这种傻事了。既然已经成为过去,何必沉浸在痛苦的深渊里呢?流入河里的水,是不能再取回来的。"

不错,流入河中的水是不能取回来的,打翻的牛奶也不能重新收集起来。但是,你可以在这瓶牛奶打翻后多留心,不让另一瓶牛奶打翻。

一位前重量级拳王在谈到失败时说:"比赛的时候,我忽然感到自己似乎老了许多。打到第十回合时,我的脸肿了起来,浑身伤痕累累,两只眼睛疼得几乎睁不开,只是没有倒下罢了。我模糊地看见裁判员高举起对方的右手,宣布他获得比赛的胜利。

我不再是拳王了。我伤心地穿过人群走向更衣室,有人想和我握手,另一些人则含着眼泪,失望地看着我。一年之后我再次和对手比赛,我又失败了。

要我完完全全不想这件事,实在是太困难、太痛苦了。但我仍然对自己说,从今以后,我不要生活在过去,不必再自寻烦恼。我一定要勇敢地面对这一现实,承受住打击,决不能让失败打倒我。"

这位前重量级拳王实现了他的话。他承认了失败的事实,跳出烦恼的深渊,努力忘掉一切,集中精神筹划未来。他转向做新拳手的经纪人,为新人经营比赛和策划宣传。他完全投入到自己新的工作之中,没有时间为过去烦恼。这使他感到现在的生活比当拳王时的生活还要快乐。

魔力悄悄话

莎士比亚有一句话:"聪明人永远不会坐在那里为他们的损失而哀叹,却情愿去寻找办法来弥补他们的损失。"这位快乐地生活着的前重量级拳王的经历就是一个典型的例子。

热情的力量

我们想要的一切——喜悦、爱、富足、成功和幸福——都已经在某个地方准备好了，等待我们随时去拿。但我们必须对它们有所渴望、有企图心才行。当我们对想要的东西变得有企图心，并抱有炽烈的热情，就会得到想要的一切。可以说，热情是我们生命运转中最伟大的力量。

卡耐基的办公室和家里都挂着一块牌匾。麦克阿瑟将军在南太平洋指挥盟军的时候，办公室里也挂着一块牌匾。他们两人的牌匾上写着同样的座右铭："你有信仰就年轻，疑惑就年老；你自信就年轻，畏惧就年老；你有希望就年轻，绝望就年老；岁月使你皮肤起皱，但是失去快乐和热情就损伤了灵魂。"

这是对热情最好的赞词。如果能培养并发挥热情的特性，那么，无论你是个挖土工还是大老板，你都会认为自己的工作是快乐的，并对它怀着深切的兴趣。无论有多么困难，需要多少努力，你都会不急不躁地去进行，并做好想做的每一件事情。

1955 年，18 岁的金蒙特已是全美国最受喜爱、最有名气的年轻滑雪运动员了。她的照片被用作《体育画报》杂志的封面。金蒙特踌躇满志，积极地为参加奥运会预选赛做准备，大家都认为她一定能成功。

她当时的生活目标就是要获得奥运会金牌。然而，1955 年 1 月，一场悲剧使她的愿望成了泡影。在奥运会预选赛最后一轮比赛中，金蒙特沿着大雪覆盖的罗斯特利山坡开始下滑，没料到，这天的雪道特别滑，刚滑了几秒钟，便发生了意想不到的事故。她先是身子一歪，而后就失去了控制，像匹脱缰的野马，直往下冲。她竭力挣扎着想摆正姿势，可无济于事，一个个的筋斗把她无情地推下山坡。

在场的人都睁大眼睛紧张地注视着这一幕，心几乎提到了嗓子眼。当她停下来时已昏迷了过去。人们立即把她送往医院抢救。虽然最终保住了性命，但她双肩以下的身体却永久性瘫痪了。金蒙特认识到活着的人只有两种选择：要么奋发向上，要么灰心丧气。她选择了奋发向上，因为她对自己的能力仍然坚信不疑。她千方百计使自己从失望的痛苦中摆脱出来，去从事一项有益于公众的事业，以建立自己新的生活。

几年来，她历尽艰难学会了写字、打字、操纵轮椅、用特制汤匙进食。她在加州大学洛杉矶分校选听了几门课程，想今后当一名教师。想当教师，这可真有点不可思议，因为她既不会走路，又没受过师范训练。她向教育学院提出申请，但系主任、学校顾问和保健医生都认为她不适宜当教师。录用教师的标准之一是要能上下楼梯走到教室，可她做不到。但金蒙特的信念就是要成为一名教师，任何困难都不能动摇她的决心。

1963年，她终于被华盛顿大学教育学院聘用。由于教学有方，她很快受到了学生们的尊敬和爱戴。她教那些对学习不感兴趣、上课心不在焉的学生也很有办法。她向青年教师传授经验说："这些学生也有感兴趣的东西，只不过和大多数人的不一样罢了。"

金蒙特终于获得了教授阅读课的聘任书。她酷爱自己的工作，学生们也喜欢她，师生间互相帮助、共同进步。

后来，她父亲去世了，全家不得不搬到曾拒绝她当教师的加利福尼亚州去。

她向洛杉矶学校官员提出申请，可他们听说她是个"瘫子"就一口回绝了。金蒙特不是一个轻易就放弃努力的人，她决定向洛杉矶地区的90个教学区逐一申请。在申请到第18所学校时，已有3所学校表示愿意聘用她。学校对她要走的一些坡道进行了改造，以适于她的轮椅通行，这样，从家里坐轮椅到学校教书就不成问题了。另外，学校还破除了教师一定要站着授课的规定。从此以后，她一直从事教师职业。暑假里她访问了印第安人的居民区,给那里的孩子补课。

从 1955 年到现在,很多年过去了,金蒙特从未得过奥运会的金牌,但她却得到了另一块金牌,那是为了表彰她的教学成绩而授予她的。

热情是能量,是一股神奇的力量。没有热情,任何伟大的事情都不能完成。世界上的一切,都在充满热情的人的手上。一个人如果对人生、对工作、对事业、对朋友没有热情,那么他一定不会有大的作为。热情可以说是一切成功的基因。热情对于有才能的人是重要的,而对于普通人,它的作用却不仅仅是重要。它可以成为人们生命运转中最伟大的力量,使人获得许多想要的东西。

把快乐吸引到生命中来

一个人以为自己处于某种状态并相应地为之,这种状态就会更加明显。有时你原本并不是很悲伤,但一哭起来,就会越哭越伤心,便是这个道理。当你认为自己很悲伤,让痛苦萦绕周身,你的生活就会变得真的很痛苦;假如你相信自己很快乐,并且快乐地去生活,那么你的生活也就真的很快乐。

简而言之,快乐的源泉就在你自己的心中,只要你愿意,它是取之不尽、用之不竭的。在人生旅途中,虽然有一些事实是我们无法改变的,但是我们可以通过热情的心理作用,让自己敞开心扉,把快乐吸引到生命中来。

有位将军奉命到沙漠里进行演习。将军的妻子为了陪丈夫,于是随夫来到沙漠的陆军基地。白天丈夫参加演习,就把妻子一个人留在营地的小铁皮房子里。沙漠里白天的温度很高,天气热得不得了,就算是在仙人掌的阴影下也有52℃。最让这位妻子难受的是她没有任何人可以聊天,因为身边只有墨西哥人和印第安人,而他们根本就不会说英语,她本人也不会墨西哥语和印第安语,每天她唯一能做的事情就是盼望丈夫早点归来。她十分难过，于是就写信给父母，说她想要抛开一切回家去。

收到父亲的回信后，她迫不及待地拆开信阅读。信的内容非常短，只有简单的两行字："两个人从牢中的铁窗望出去，一个看到泥土，一个却看到了星星。"父亲的回信短促而有力，让她心头一颤，她决定要在沙漠中找到星星。

看完信后，她开始热情地和当地人交朋友，而当地人也很热情地和她交流，他们的反应让她既惊奇又兴奋。渐渐地，她开始对当地人的生活感兴趣，而当地人也很大方地把自己最喜欢但又舍不得卖给观光客人的物品都送给了她。

她的生活发生了显著的变化，原来难以容忍的恶劣环境变成了令人兴奋、流连忘返的奇景。她研究那些引人入迷的仙人掌和各种沙漠植物，又学习有关沙漠动物的知识，有时还和当地人一起看沙漠日落，她开始喜欢上了这个地方。

在这个故事中，沙漠没有改变，土著人也没有发生变化，但是将军的妻子的生活却发生了180度的大转弯，其中原因不言而喻，那就是她的心态有所改变，她开始对生活产生了热情。之前她很悲观，因此，她在沙漠只看到了满天黄沙，后来父亲的来信让她醍醐灌顶，从此她变得乐观积极了，久违的热情被找了回来，于是她看到了美丽的"星星"。

魔力悄悄话

人生是幸福还是困厄，与降临的事情本身是苦是乐关系不大，关键在于你对这些事情的态度。正如德国著名哲人叔本华所说："一个悲观的人，把全部的快乐都视作不快乐，好比美酒到充满胆汁的口中会变苦一样。"

不要忽视自己的价值

我们每个人都是独特的。我们应当为自己的生命而感到自豪。生命最初，我们以响亮的啼哭声向世界证明我们的存在，那时，我们是被动的，我们无从选择富裕与贫穷，就如同我们无从选择美丽与丑陋。但是，随着年龄的增大，我们越来越能够对自己的生命负责，并选择自己的生命图景。

黄山上的松树，无论它们是站在顶峰上，还是长在山脚下，都向世人展示着自己的风采。它们之所以让世人惊叹，就在于它们千姿百态，各不相同。人的生命也是如此，我们可以羡慕别人，仰视他人，但不要忽视自己的价值，而应该像黄山之松那样信任自己。

有这样一个寓言：

一只老鼠在某个酒足饭饱的午后，从洞里钻出来，在墙角晒太阳。太阳暖洋洋地照在老鼠身上，晒得老鼠浑身无比舒服。于是老鼠无限敬佩地对太阳说："太阳公公，你可真伟大啊！能给世界如此美好的温暖。"太阳公公叹口气说："我哪里伟大，乌云才伟大呢，它一出来，我的光彩就全没了。"

太阳公公的话还没有说完，一片乌云飘过来了，顿时，太阳的光芒不见了。

老鼠惊叹地对乌云说："乌云姐姐，你真伟大，比太阳公公还厉害。"乌云叹口气说："我哪里伟大，风弟弟才伟大呢，它一吹我就得散。"果然，一阵风吹过来，乌云被卷成一条条的，最后消散了。

小老鼠更加惊叹地说："风弟弟，你真伟大，能把乌云姐姐都吹散。"

风弟弟也叹一口气说："我哪里伟大，你身后的墙伯伯才伟大呢，它一挡，我就吹不过去。"

小老鼠转回身去，不好意思地说："真对不起，我有眼不识泰山，最伟大的人物在我身边我却不知道。"

墙伯伯叹一口气："小老鼠啊，最厉害的是你们这些老鼠。你瞧，刚砌好的墙，没几天就被你们打了那么多洞，我马上就要倒了。"

事实就是这样。当我们认为别人都比自己强时，往往是因为我们遗忘了自己的力量，没有人会看不起你，除了你自己。人生最大的错误，就是过于依赖并相信别人对你的评断而自我轻视。很多人把别人的看法与自我的定位混为一谈，这就造成了他们对自己营建了许多不必要的负面观点，而这往往会消极地影响他们的人生际遇。

在一个同城联谊晚会上，一个自认为很没憧憬能力的妙龄女郎，被她的同事们拉来。结果，她一晚上都站在不起眼的角落里，自然整晚也没有人来邀她做舞伴。但是，另一个比刚才那个女孩长得更难看的女孩。出门前精心化了淡妆，还穿着吸引人的服装，表现出很有魅力的样子，以至于很多人主动找她攀谈。在舞会上，她显得更放松、更享受，自然而然，她身上的魅力就散发得更多了，从而吸引来很多同龄人。

所以，一个人要想使自己怀有憧憬，就必须克服掉对自己的负面想法和矛盾的情结，尽管我们很多时候是以别人的评价来营建对自己的认知的，别人就像是我们心理的镜子。但扪心自问也势在必行——我是什么？然后再思索。我如何知晓别人对我的这个判断是否属实呢？倘若你已经在自己身上营建了错误的负面想法，又该如何克服呢？

方法一：弄清楚对自己的负面判断来自哪里？又是否属实？如果属实，想方设法做出相反的行为改变它。举个例子，如果你认为自己缺乏憧憬的能力，那就表现出你拥有憧憬的样子；或者如果你缺乏自信。那就表现出貌似很有信心的样子。你要相信，当你创造出正面积极的自我想象，表现得很有憧憬能力、自信、愉悦的时候，很快就会有奇迹发生。

方法二：用积极的词句提示自己。在纸上写一段夸奖自己的文字，然后大声朗读,或在心里默读。举个例子,我是一个聪明、优秀、讨人喜欢的女孩。这个提示,你可以把它贴在书桌前,也可以写在一张小卡片上,还可以将其设置为电脑屏保文字、手机开/关机提示语。只要能起到提示作用,无论怎样都行得通。

　　无数事例都表明,人们经常听一件事情,次数听多了的话,就有可能开始相信。每天都对自己说出对自己的正面的提示,说出自己所希望的样子,久而久之,你就会发现自己渐渐变成了你所希望的样子。事实上,这也是"心想事成"憧憬法则的要旨所在。

位置不同,价钱也就不同

　　有一天,一位禅师为了启发他的门徒,给了一个门徒一块石头,叫他去蔬菜市场,试着卖掉它。这块石头非常大,也非常好看。但师父说:"不要真正卖掉它,只是试着卖掉它。注意观察,多问一些人,然后只要告诉我在蔬菜市场它能卖多少钱。"这个门徒去了。在菜市场,许多人看着石头想:它可以做很好的小摆件,我们的孩子可以玩,或者我们可以把这当作秤砣。于是他们出了价,但只不过是几个小硬币。那个门徒回来后对师父说:"人们说这石头最多只能卖到几个硬币而已。"

　　师父说:"现在你去黄金市场,问问那儿的人。但是不要真的卖掉它,只问问价。"这个门徒从黄金市场回来,满面春光地对师父说:"黄金市场的那些人太厉害了。他们乐意出到1万块。"本以为师父会喜笑颜开,然而,师父并没有丝毫愉悦的表情。

　　师父不动声色地说:"现在你去珠宝商那儿,问问那儿的人,但不要卖掉它。"他去了珠宝商那儿。他简直不敢相信,那些珠宝商们居然愿意出5万块!他不愿意卖,他们继续抬高价格——出到10万块。但是这个门徒说:"我不打算卖掉它。"他们说:"我们出20万元、30万元,或者你要多少就多少,只要你卖!"这个人说:"我不能卖,我只是问问价。"

　　他回来了,师父拿回石头说:"我们不打算卖它,不过现在你应该明白,

憧憬力——病树前头万木春

我之所以让你这样做,主要是想培养和锻炼你充分认识自我价值的能力和对事物的理解力。如果你生活在蔬菜市场,那么你只有那个市场的理解力,你就永远不会认识更高的价值。"

同样的石头,身处的位置不同,价值也有所不同。那么,你把自己定位在一个什么样的位置呢?你了解自己的价值吗?不要在蔬菜市场上寻找你的价值,为了"卖个好价",你必须让他人把你当成宝石看待。而要想让他人把你当成宝石看待,你首先需要有"把自己当作珠宝"的强烈愿望。如此一来,就会在心理上产生暗示作用,使自我的思想与行为朝自己所希望的方向去发展。

魔力悄悄话

我们可以获得我们心中所想要的,我们应该自信能够掌握自己的命运,决定自己的价值。而一个人要想充分发挥出自己的价值,首先得了解自己所处的位置,并主动把自己放在更高的位置。就如同上面这个故事,身处的位置不同,所值的价钱也就不同。

把憧憬注入你的生活

美国人类行为学家丹尼斯·维特利说:"真正的成功,不仅仅是个人在自己长处方面的追求。它不是在生活中去碰运气,也不是去打败别人,或者是使别人遭受损失而自己去攫取。成功就是利用你的天资或潜力为能使你获得幸福的目标去不,断地奋斗。成功就是在一种友爱、互助、充满社会关心和责任的环境中给予和获取。"

除此之外,丹尼斯·维特利还具体指出成就大业者应具备的 10 种心理品质。如果你也想成就大业,不妨试着把"成功者的 10 种品质"注入你的生活。

1. 现实的自我觉察

所谓"现实的自我觉察",即自我诚实。成功者不但对自己的潜力是诚实的,而且对要达到的目的应付出的时间和努力也是诚实的。大多数的成功者能觉察到周围事物的细微变化,更能觉察到由于附和环境给自己造成的缺陷,也能觉察到大量对他们有益的事物。

2. 现实的自我尊重

现实的自我尊重是成功者所具备的一种非常重要和最基本的品德。成功者有很强的自我价值感和自信心。"我愿意成为我自己,而不愿是历史上任何时代的别人。"这是成功者正面的自我暗示。它是发展自我尊重感受的重要部分。自我尊重中很重要的一个方面是自我接受——心甘情愿地成为自己。

3. 现实的自我控制

所谓"自我控制",意思是说对我们的思想、天资和能力的发展,有一个最好的支配,能够安排好一生的时间。

成功者的自我控制是主动的。而失败者的自我控制则是被动的。成功者认为自我控制的同义词是自信,他们相信"因果"关系,相信生活的程序是"做你自己的事",并认为在许多事情中自我控制有个人选择的自由和掌握自己命运的含义。

4.现实的自我动机

在生活中,成功者是那些有强烈的现实的自我动机的人。他们有奔向他们所制定的目标的能力,或是他们有扮演他们想去扮演的角色的能力。他们现实的自我动机有两个来源:其一,他们个人的和现实的自我期望;其二,他们的知觉是,当畏惧和愿望同在心中时,畏惧是有害的,而愿望使他们在通往胜利、成功中获得幸福。

5.现实的自我期望

成功者期望成功。他们懂得,所谓的"运气"是准备和觉察的结合,期望成功出于三个主要的前提:其一,欲望——想要成功;其二,自我控制——懂得成功是由自己创造的;其三,准备——准备成功。

现实的自我期望使他们做好了迎接机会的准备。生活中的成功者相信自己预言的能力,保持着向上的势头,期望一个较好的工作,保持健康的身体,收入能不断地增加,有热情的友谊和新的成功。成功者总是把问题看作向能力和决心挑战的机会。

6.现实的自我意象

所有的成功者都积极地考虑和发挥现实的自我意象。他们表现出成功者的样子:意识到自己扮演的角色,根据看到的图画、体验到的感情和听到的语言,进行想象,以此来展示自己的憧憬能力。他们懂得,焦急、渴望、敌意和失望对于他们的创造性的想象具有消极性和破坏性,他们还知道,自我意象可以改变,因为下意识没有反复详细区别真正成功和想象成功的能力。

你的行为和表现常常包含着自我意象,自我意象由你全部的感情、畏惧、情绪的反应和目前的经历所组成。

7.现实的自我调节

生活中的成功者信奉现实的自我调节。他们有着合理的生活计划,总的目标和任务明确,每一天的具体工作明确,并且日复一日地努力着,决心达到确定的目标,得到要得到的一切。他们在通向成功的道路上懂得自我指挥。

简而言之,现实的自我调节的秘密在于建立一个清楚的、具有规定性的目标。

8. 现实的自我修养

成功者们进行现实的自我修养。自我修养就是思想实践,即思想的锻炼,树立新的思想感情、废弃贮存在潜意识的记忆体中的陈旧的东西。自我修养能形成或破坏一种习惯,能在你的自我想象中或是思想中产生一种永久的变化,帮助你达到目标。它反复地用语言、画图、观念和情绪告诉你,你正在赢得每一个重要的个人的胜利。

9. 现实的自我范围

生活竞争中的真正成功者,具有现实的自我范围,他们客观地寻求生活中的意义,珍惜每一分钟,把每一分钟看作是自己的最后时刻,从而经常去寻求更为美好的东西,他们的寻求同整个人类活动息息相关。最典型的自我范围是他们具有赢得别人爱戴和尊重的品质,成功的自我范围并不意味胜利了就把对手踩在脚下,他会向奋斗者、探索者,以及坚忍不拔的人伸出援助之手,是相互帮助,而不是相互利用。他们懂得一个人真正的永生,是怀着热心和同情去帮助别人生活得更美好的时候。

10. 现实的自我投射

生活中的成功者是现实的自我投射的典型。你经常能认出一个成功者,当他(她)一走进房间时,就能造成一种气氛:他们总是适时地出现。他们具有一种使人消除敌意的艺术,同时向周围扩散着吸引人心的超凡魅力,向人们投射发自内心的火热激情。

成功者们是坦率和友好的。作为听者,他们全神贯注地去捕捉你的意思;作为讲话者,他们千方百计地让你听懂他们所讲的内容。他们用实例去探求你的反应,并运用同样方式的语言去讲解,以便让你很容易地取得他们与你交往的真实含义。

最后,最重要的是——生活中的成功者们在生活中投射建设性的、积极性的想象。

现实生活中的成功者的心理，为人们提供了一种使自己感到满意和振奋的生活范式。同时，为那些在生活中把你看成向导和鼓励的人们，提供了一个相当不错的参照。

魔力悄悄话

当你把憧憬注入你的生活后，它们就会成为在你的个人成长和完成自己个人的成功过程中的推动力。

开辟出意想不到的奇迹

美国学者罗素·康维尔曾指出,古往今来,对于成功秘诀的谈论多如牛毛。其实,成功的声音一直在大众的耳边萦绕,只是没有人理会她罢了。而她反复述说的就是一个词——意志力。任何一个人,只要闻听了她的声音并且用心去体会,就会获得足够的能量去攀越生命的巅峰。只要给予意志力以支配生命的自由,那么我们就会勇往直前。

人类的意志力包含了某种神秘的力量。然而,作为一种寻常的"心智功能",意志力又是为人所熟知的。只要是身心健康的人,每天都能感受到它的存在。有很多人会否认,在本质上人是一种精神动物,但是,恐怕没有谁会怀疑自己或多或少受着意志力的影响。

虽然不同的人们对于意志力的来源、对于意志力如何影响人的行为,以及对意志力的积极作用和局限性莫衷一是,但都同意这样的观点:意志力本身是人类精神领域一个不可或缺的组成部分,甚至在我们每个人的生命中,意志力都发挥着超乎寻常的重要作用,它能为我们的生命开辟出意想不到的奇迹。

1938年的一天,在美国佛蒙特州的一个农场里,一个孩子正在自家的院子里费力地磨一把斧子。斧子上有一个缺口,他试图把它磨平。虽然他知道父亲需要这把斧子劈柴生灶,可他依然很不情愿在这样的热天里干活。斧子磨好后,父亲给了他一分钱作为奖励,在这样的家庭里,拥有一分钱已经是很不错的了。可是他心里仍然很失望,并沮丧地看着这一分钱。

父亲微笑地看着他说:"孩子,你干得相当不错。看看你手里的小钱,你知道那上面是谁的头像吗?"他说:"知道,是亚伯拉罕·林肯。"父亲拍着手说:"对,泰迪。林肯也碰到过无数的挫折,不过,他没有因此而一蹶不振。"

然后父亲问他和走过来的哥哥迈克,关于林肯他们知道多少。两个孩子只知道林肯出生在一间小木屋里,常常借着火光读书。后来他解放了奴隶,拯救了合众国,并且在一个星期五遭人枪杀。

父亲说:"不错,但是你们是否知道他曾经营过杂货铺?事实上,他一生坎坷,然而人的一生又有几个能比他更顺利呢?"父亲看了一眼凝神静听的兄弟俩,接着说:"重要的是,林肯不失为一个有志者。他有坚韧不拔的毅力,这一点正是你们现在就应该具有的品格。毅力,意味着一种沉着而耐心地承受不幸的力量。"

父亲又问:"你们知道林肯有多高吗?"兄弟俩摇摇头。父亲取出一支铅笔,让泰迪站在门廊的柱子旁,在上面画下了他的高度线,标上名字和日期。然后他又给迈克画了高度线,标上名字和日期。他又画出自己的身高,五英尺八英寸,接着,他用木工折尺在雪白的柱子上高高地画了一条线,并用印刷体写上"亚伯拉罕·林肯——六英尺四英寸"。最后父亲对兄弟俩说:"我们都没有达到林肯的高度,更重要的是要达到他思想和精神上的高度!困难是暂时的,不要抱怨,更不要在挫折中放弃希望!"两个孩子的心里忽然充满了一种温暖的力量,觉得现在所受的些许苦难是上帝对自己的恩赐,是上帝为了造就他们。于是他们开始以积极的态度去生活,每天都要在门廊的柱子旁比一下。看看自己和林肯接近了多少。并在经历挫折时想想如果林肯处在这个境遇中会比自己做得好多少,从而不断地调整奋进的方向。

多年以后,凭借着超人的意志力,哥哥迈克成了一个林肯式的政治家,泰迪则成了著名的历史学家,他们都达到了自己人生的高度。

而现在的我们生活在这个充满诱惑与欲望的世界上,或追名逐利不择手段,或平庸地随波逐流,有谁还在心底刻下理想的高度线?还是拾回年少时的那些理想吧,只要我们有强大的意志力作后盾,就算是身处黯淡的际遇中,也不会轻易放弃努力和理想!

强大的意志力会使我们在心里划上一个自己的刻度,只要我们百折不挠,日积跬步,总有一天我们的生命会达到一个崭新的高度!

激发出你潜在的意志力

人生中有很多障碍或苦难,同时所有的苦难都藏匿着成长和发展的种子。但能够发现这种子,并好好培养出来的人,往往只有少数。这些人到底是怎样的人呢?

第一是有着坚强意志,决心要克服困难的人。没有这种决心的话,不管再怎么说"苦难才是机会",也只会变成以另一种苦难结束的悲剧。

第二是能够认为苦难才是机会的人。没有这种想法,苦难会带来更多的苦难。

我们应记住,不管怎样不利的条件,只要我们能与强大的意志力为伍,用积极心态对不利条件加以正确处理,都可能将其转变为有利的条件。

再有,断绝你所有可能之路,让自己无后顾之忧,无牵无挂,也能驱使自己一门心思地去追求成功,不轻言失败。因为自绝后路,常常能激发一个人潜在的意志力,即便是他平日里并非是一个拥有坚强意志的人。

话说恺撒在尚未掌权之前,是一位出色的军事将领。有一次,他奉命率领舰队前去征服英伦诸岛。在他检阅舰队出发前,才发现一项严重问题。随船远征的军队人数少得可怜,而且武装配备也残破不堪,以这样的军队妄想征服骁勇善战的格鲁沙克逊人,无异于以卵击石。

但恺撒当下还是决定启程,驶向英伦诸岛。舰队到达目的地之后,恺撒等候所有兵丁全部下船,立即命令亲信一把火将所有的战舰烧毁。同时他召集全体战士训话,明确地告诉他们:战舰已经烧毁,所以大伙儿只有两种选择。一是勉强应战,如果打不过勇猛的敌人,后退无路,只得被赶入海中喂鱼。另一条路是,不管军力、武器、补给的不足,奋勇向前,攻下该岛,则人人有活命的机会。士兵们人人抱定必胜的决心,终于攻克强敌,而恺

憧憬力——病树前头万木春

撒也因为这次成功的战役，奠定下日后掌权的基础。恺撒的领导智慧，在中国古代也有类似的故事。"破釜沉舟"的确是最能激励人心的方式之一。

大多数成功人士之所以成功，是由于他们拥有坚强的意志力，从而能够专心于与他们所努力与成就的目标上。为了达成目标，他们能舍弃一些与成功之路不相关的事物，眼光只锁定他们的目标。这般强烈的成功意志，对于普通人来说，似乎较为难以具备。因此，我们不妨学习恺撒大帝火烧战船断绝后路的方式，来获取强大的意志，激励自我能够全力以赴。

你可将纷乱的思绪暂时放下，静心反思，有哪些事物是阻碍成功的绊脚石。当看清所有阻碍你成功的事物，诸如拖延、怠惰、消极意识……接着你必须有个坚定的决心，先解除所有的阻碍物，然后再断绝你所有可退之路，唯有如此，才能够保证渴望追求成功的愿望，如同求生一般，如此迫切而强烈，这种本能将引导你走向成功。无数事例证明，一旦确知自己无路可退时，平日里再怎么意志薄弱的怯懦之人，也马上能成为最英勇的斗士，自然地挺起胸膛，去迎向任何挑战。

魔力悄悄话

需要强调指出的是，让自己无路可退的绝境，既可以是真真切切存在的状况，又可以是头脑中设想出来的情景。这并不是重点，重点是你能够通过这种自造绝境的方式，激发出你潜在的意志力，成为一名迎战难关、搏击命运的勇士。

让自己有勇气憧憬未来

　　歌德指出："失掉财富，你几乎没有失去什么；失去荣誉，你就失去了许多；而失掉了勇气，你就失去了一切。"一个健康的人，应该一直保持良好的心态，要有乐观的情绪，无坚不摧的勇气，能够再接再厉，自强自立。这样的人将永远充满力量。

　　美国心理专家马斯洛曾向他的学生们问道："你们班上谁希望写出美国最伟大的小说？谁希望当议员、州长或者总统？谁希望当联合国秘书长？谁希望当伟大的作曲家？谁渴望成为一个圣人？谁将成为伟大的领导者？"学生咯咯地笑，红着脸。谁都没有勇气承认自己有这个愿望。马斯洛又问他的研究生："你们之中，谁准备写出伟大的心理学著作？"研究生们也是红着脸，都没有勇气宣称自己有这个雄心和才气。

　　记住，你不可能把事情搞砸，也不可能犯错，或是作出错误的决定，因为上述的情况都不可能发生。

　　1.培养自信心

　　培养勇气首先要培养自信心，这是一切勇气赖以滋生的基础。一个没有自信心的人，不会有任何勇气可言。

　　一次，唐朝名人韩愈到华山去游玩，攀上了苍龙岭，向下一看，千仞峭壁，万丈深渊，竟然吓得魂飞魄散，下不了山了。他绝望地号啕大哭了一场，然后想到了向人求救。好在随身带着笔墨。于是，他写了一封求救信，裹着石头扔下山去。从此，华山诞生了一个著名景点"韩退之投书处"。这次,韩愈的勇气为何消失了? 其实很简单,面对雄奇的大自然,他感到了自身的渺小,丧失了自信心,勇气自然也就随之消失了。

建立自信最好的方法是听励志的演讲。考虑到听一个好的演讲的机会难得。你不妨通过这个方法来填补空缺:写一个 30 ~ 60 秒的能表达你力量和目标的演讲稿。一旦你感觉需要信心助你向前时,就在镜子面前大声朗读(当然你也可以在心里默念)。

2. 运用积极的自我暗示

积极的自我暗示可以帮助人们培养出奋发向上、超越自我的勇气。当然,勇气光靠培养是不够的,还要抓住一切时机加以历练。

有一个名叫张萌萌的小女孩,从小就胆小,从不敢参加体育活动,生怕受伤。但是当她参加了几次心理辅导以后,竟然有了参加潜水、跳伞等冒险运动的勇气。

她的转变让许多人感到吃惊,她对人们说:"通过几次心理辅导,我知道了我胆小的原因,我学会了对自己进行积极的自我暗示,我开始把自己想象为勇敢的高空跳伞者,并战战兢兢地跳了一回伞,结果朋友们对我的看法变了。认为我是一个精力充沛、喜欢冒险的人。后来,又有一次高空跳伞的机会。我认为这是改变自己的好机会,心里一直对自己说:'我就是最勇敢的女孩,我什么都不怕。'当飞机上升到 15 000 米高空时,我发现那些从来未跳过伞的同伴们的样子很有趣,他们一个个都极力使自己镇定下来,故作高兴地控制内心的恐惧。我想:以前我就是这样子的吧! 刹那间,我觉得自己变了。我第一个跳出机舱。从那一刻起,我觉得自己成了另外一个人。"

积极的自我暗示使张萌萌发生了巨大的改变,她逐渐地淡化以往那些消极的自我认识,给自己增添新的勇气,从而在内心深处想好好表现一番,以尝试成功的喜悦。最终张萌萌从一个胆小鬼变成一位敢于冒险、有勇气和能力去体验人生的"新人"。她的这一变化,必将影响她以后的生活,也必将使她的学习、事业获得成功。

3. 放下顾虑，单刀直入

有个叫琼斯的新闻记者，极为羞涩怕生。

有一天，上司让他独自去采访大法官布兰代斯，琼斯大吃一惊说："我怎能只身一人去采访他？他又不认识我，他怎肯接见我？"

他身旁的另一位记者迅速拿起电话，打到布兰代斯的办公室，和他的秘书说："我是明星报的记者。我奉命访问法官，不知道他今天能否接见我几分钟？"

他听对方答话后说："谢谢您，13：15 分，我按时到。"

他把电话放下告诉琼斯说："你的约会安排好了。"

琼斯受到很大的触动，以后提起自己做事经验时说："从那时起，我学会了单刀直入的方法，做起来不易但都很有用，它使我克服了畏怯的心理。"

魔力悄悄话

事实上，你永远也不可能犯错。你只不过是从实践中获得一点心得或教训，以帮助你远离负面的振波。既然如此，你又何必心生畏怯呢？事实上，只有勇气可嘉的人，才有可能创造出更大的成绩。而要想成为有勇之人，就必须得克服掉自己的畏怯心理。

积极融合 焕发你的憧憬能力

通常来说，人们遇到障碍的时候，大致有两种应对之法：一种是绕过障碍，一种是摧毁障碍。其实这两种办法都各有弊端。何出此言呢？我们先看绕过障碍。要绕过障碍，你就得走弯路，走弯路你就得推迟抵达目的地的时间；再看摧毁障碍。要摧毁障碍，你就得与障碍进行一场决斗。无论你是胜利者还是失败者，决斗的过程都会消耗你的能量，甚至给你带来不可估量的损失和伤害。其实在面对障碍时，我们还有一种可取的上乘之策，那就是积极地把障碍融合掉。

据说美国竞选总统前夕，林肯在参议院演说时，遭到了一个参议员的羞辱。那个参议员说："林肯先生，在你开始演讲之前，我希望你记住你是一个鞋匠的儿子。"

林肯转过头，对那个傲慢的参议员说："我非常感谢你使我记起了我的父亲。他已经过世了。我会永远记住你的忠告，我知道我做总统无法像我父亲做鞋匠做得那样好。据我所知，我的父亲以前也为你的家人做过鞋子。如果你的鞋子不合脚，我可以帮你改正它。虽然我不是伟大的鞋匠，但我从小就跟父亲学到了做鞋子的技术。"

然后，他又对所有的参议员说："对参议院的任何人都一样，如果你们穿的鞋子是我父亲做的，而它们需要修理或改善，我一定尽可能帮忙。但有一件事是可以肯定的，他的手艺是无人能比的。"说到这里，他流下了眼泪，所有的嘲笑都化作了真诚的掌声。

林肯果然当上了总统。

有人对林肯总统对待政敌的态度颇有微词："你为什么要试图和他们

成为朋友呢？你应该想办法去打击消灭他们才对。"

"我难道不是在消灭政敌吗？但我使他们成为我的朋友时，政敌就不存在了。"林肯总统温和地说。这就是林肯"消灭"政敌的方法——将敌人变为朋友。

一位哲人曾指出，斗争的至高境界就是和谐。"消灭敌人的最好办法，就是把敌人变成朋友"，同样，消灭障碍的最好办法，不是去避开它，也不是去摧毁它，而是积极地去融合它，把它化作我们的"朋友"，让彼此实现双赢。

1989年，日本大阪实施旧城改造，在城中修建一条高速公路。当施工方建到池田线路段时，遇到了一个非常棘手的问题：一座高层办公大楼正好处在规划线上。当时有两个解决的办法：要么摧毁大楼，要么池田线路绕道而行。然而，摧毁大楼，损失非常惨重；而要绕道而行，不仅会导致工期延误，还会大大提高工程的造价。正当众人左右为难之际，城市规划首席设计师头脑中闪现出了一个好点子：让高速公路穿楼而过，也就是说，把大楼的5至7层打通，使高速公路在楼层中通过。如此一来，那楼层也就成了高速公路的一段，那一段高速公路也就成了一个楼层，两者并行不悖，形成了完美的组合。现在，这幢楼层成大阪的城市象征。

值得一提的是，我们提倡积极地融合掉障碍，并不意味着我们认为所有的障碍都适合融合。我们得具体问题具体分析。对有些障碍，选择绕过远比选择融合更能显示出处事的智慧。这个道理在看完下面的故事后就很容易理解了。

有一个农夫靠养羊为生，但住的地方给他带来了极大的不便。房屋坐落于山脚下，每天日出他都把羊赶到后山上去吃草，日落再赶回羊圈。农夫的住所距离集市并不算远，但问题是只有两条通往集市的路。一条在屋前，可以直通集市，一条在屋后，到达集市得绕上十几个钟头。放羊到后山倒是挺方便，可是每隔几天卖一次羊奶，每个月还要卖羊肉就相当艰难了，因为屋前的这条路上横着一块巨大的石头，根本无法通行。

农夫只能叫苦连天地从后山道赶往集市，屋前路上的这块巨石就像一座大山"压"得他透不过气来。终于有一天他下定决心要凿开石头将它移开，他带着儿子开始行动。石头又大又硬，每天只能凿下一点点。儿子说，这要干到什么时候才能搬开它？农夫坚定地回答，不管干多久都要坚持下去。

一晃半年过去了，农夫一家的进展并不顺利。一次，大汗淋漓的儿子坐在一旁休息。过了一会儿，儿子突然说，我们为什么一定要移开这块石头呢？农夫回答，那还有什么更好的办法呢！儿子想了想大声说，我们搬家不就行了吗？把羊从后山绕道赶到石头另一面，然后重新盖栋房子，最多只需用两个月的时间，不比没日没夜凿石头简单得多吗？农夫听后一把搂住儿子说，你简直是上帝派来的天使！

不久，农夫的家就安在了离集市很近的一处山清水秀的地方，从此过上了便利而富足的生活。

魔力悄悄话

移山的愚公拥有坚忍的意志固然值得称赞，但上述故事中的农夫绕过巨石重新安家，亦不失为一种明智之举。有时候，与其在一些短期内无法解决的难题上花费更多的时间和精力，不如绕开困难，开动脑筋换别样的思路尝试一下，反而会收到奇效。

第七章
学会减压，心怀憧憬

很多时候，人们之所以感到压力重重，甚至不堪重负，并不一定是他们真的承受了巨大的压力，而更可能是众多人为附加的东西让他们感到沉重。

即使真的感到了压力，也是由这部分东西带来的。

学会给生活注入憧憬，能够给心灵减减负。生活中的很多人不但不懂得适时地放下，相反还不断地给自己增加负担，不断地给自己的生活做加法。

这样的生活自然是难以承受的，被压力和烦恼困扰也就不足为奇了。

减轻压力　乐享生活

　　世界上不存在任何没有压力的环境。要求生活中没有压力，就好比幻想在没有摩擦力的地面上行走一样，关键在于怎样对待压力。

　　有一个体重 150 公斤的小伙子，由于太胖了，姑娘都不愿意嫁给他，他很苦恼。于是，他求牧师赐予自己一位美丽的姑娘为妻，牧师看他很虔诚就答应了他。第二天，小伙子一开门，果然见到一位美丽的姑娘，与他理想的妻子一模一样。他兴奋地就要上前拥抱，姑娘闪开说：你太胖了，如果你能在两个月内追上我，我就嫁给你。说完姑娘就跑了，小伙子在她后面努力追赶，终于在两个月后追上了这位姑娘，这时他的体重下降了 30 公斤，姑娘答应第二天就与他结婚。次日，小伙子一开门，看到的不是那个他理想的妻子，而是一位奇丑无比的姑娘。姑娘开口说：我要嫁给你，吓得小伙子拔腿就跑；丑姑娘就在后面穷追不舍。又过了两个月，丑姑娘终于追上了小伙子，小伙子的体重又下降了 30 公斤。这时的小伙子经过四个月的奔跑体重是 90 公斤，健壮而帅气；姑娘也恢复了原来的美貌，两人结为伴侣。

　　当然，这只是一个很有意思的笑话，但却说明，生活中压力与动力总是相辅相成的，人是需要有一定压力的，有压力才能催着自己向前走。

　　外向者与内向者的差异处有很多，其中一条就是神经敏感程度要差。这种特质使他们面临压力时从容不迫，不会那么紧张。内向者的特征是：什么事情都先想到的是别人，什么事情都会考虑到前面，做任何事情都不会违背自己的原则，而且总会往坏处想，这会导致他们被生活中的种种因素所迫，不得不承受着更沉重的压力。而外向者看问题、做事情恰恰相反，他们想得很开,拿得起,放得下。

驾驭压力者必为胜者

金融危机的寒风刚刚吹起,企业界就罩上了一片阴云,德国亿万富翁阿道夫·默克勒在自己家附近的铁路上自杀身亡,《英国金融时报》就此事刊发了标题为《信贷危机闹出人命》的消息,而且这类消息还不算少。

阿道夫·默克勒,1934年生于德国东部城市德累斯顿,1967年默克勒继承父业,接手了一个只有80名员工的药厂,一步步打拼。在他的经营管理下,这个小企业后来发展成为一个庞大的企业帝国,拥有120家公司和10万名员工,经营范围从生物制药业到水泥制造业,覆盖面广阔,包括通益药业有限公司及德国最大的水泥制造商海德堡水泥公司。据一位律师保守估计,默克勒以约70亿欧元的个人净财产(大约92亿美元)居德国富豪榜第五位,在全球福布斯富人排行榜上排第94位。这样一个德国富豪领袖却偏偏走上了自杀的道路!

逝者的悲哀让人不胜唏嘘,这些人生前都是风光无限的企业精英,然而在压力面前,他们最终没有扛过去,以最为极端和低劣的方式结束了自己的生命,他们死因尽管各有不同,但相同的是在绝望中他们选择了逃避。长期生活在繁荣和"高增长"环境下的精英们,在危机的压迫下,不知不觉间丧失了他们久违的创业精神——坚忍以及抗压精神,没有坚韧不拔、坚定不移、坚持不懈地在困难中坚挺下来,真是可惜。

史玉柱,安徽人,1989年,他研究生毕业后"下海",在深圳研究开发M6401桌面中文电脑软件,获得成功。1992年,他成立巨人高科技集团,注册资金1.19亿元,被1995年7月号《福布斯》列为中国内地富豪的第8位,而且是唯一一个靠高科技起家的企业家。

他曾经是莘莘学子万分敬仰的创业天才,5年时间内跻身财富榜第8

位;也曾是无数企业家引以为戒的失败典型,一夜之间负债2.5亿元;而如今他又是一个著名的东山再起者,再次创业成为一个保健巨鳄、网游新锐、身家数十亿的企业家。从人生的顶峰跌到低谷,又重新爬起,史玉柱的传奇比很多颇受推崇的企业家更让人赞叹。

十年前,没有人会相信他会东山再起。以至于当他像一条蚯蚓一样蜷缩在人去楼空的办公室时,没有人愿意去打扰他。在最灰暗的日子里,要债的人将他逼入了上天无路、入地无门的境地。逼急了,他放出话:"我所欠的每一分钱,我都会还给你们的,而且还有利息。"这番话自然成了当时最流行的经典笑话。当年像蚯蚓一样蜷缩在办公室的破产者,现在摇身成为中国最有实力的网游公司的老板,而且还成了中国企业家绝境逢生、置之死地而后生的榜样。

史玉柱凭着强悍的抗压能力重新开辟了自己的天地。俗话说,没有压力就没有动力。一部汽车如果没有燃油燃烧出来的压力,它就不会有动力。史玉柱恰当地驾驭压力,所以他拥有了无穷的动力。

贝弗里奇说,人们最出色的工作往往是在处于逆境的情况下做出的。思想上的压力,甚至肉体上的痛苦都可能成为精神上的兴奋剂。很多人都是经过困难的考验才有所成就的。没有无缘无故的成功,经过了风雨后才能见到彩虹。只是,有的人在困境中被压力压垮了,有的人顶着压力坚持下来了。坚持下来的必然是生命的强者。

魔力悄悄话

压力让我们的生活更加丰富、多彩多姿。正确对待压力的办法是,善待工作,合理地制订工作计划,分配好工作时间,提高工作效率与效益。平日里,可以与许多工作之外的朋友交流,畅谈生活,分享快乐,以轻松的心情去拥抱工作和生活!

利用压力激发憧憬

一般来说，人在承受意料之外的重压时，都会产生极度紧张的情绪，心理学上把这叫作应激。当情绪处于高度应激状态时，人的激活水平快速发生变化，表现为心率、血压、肌肉紧张度发生显著的变化，大脑皮层的某些区域高度兴奋。在这种情况下，人们可能急中生智，表现出平时没有的智力或能力，做出平时不能做出的勇敢行为，发挥出巨大的潜能，促使事情发生意想不到的转变。

只是人们往往习惯于表现自己所熟悉、所擅长的领域。但如果我们愿意回首，细细检视，将会恍然大悟：看似紧锣密鼓的工作挑战，永无遏止难度渐升的环境压力，会在不知不觉间养成今日的诸般能力。因为，人，确实有无限的潜能！为了充分发挥自己的内在潜能，你必须养成给自己施加压力的习惯，用压力来激发自己的潜能。

一位音乐系的学生走进练习室。在钢琴上，摆着一份全新的乐谱。

"超高难度……"他翻着乐谱，喃喃自语，感觉自己对弹奏钢琴的信心似乎跌到谷底，消靡殆尽。已经三个月了！自从跟了这位新的指导教授之后，不知道，为什么教授要以这种方式整人。勉强打起精神。他开始用自己的十指奋战、奋战、奋战……琴音盖住了教室外面教授走来的脚步声。

指导教授是个极其有名的音乐大师。授课的第一天，他给自己的新学生一份乐谱。"试试看吧！"他说。乐谱的难度颇高，学生弹得生涩僵滞，错误百出。"还不成熟，回去好好练习！"教授在下课时，如此叮嘱学生。

学生练习了一个星期，第二周上课时正准备让教授验收，没想到教授又给他一份难度更高的乐谱，"试试看吧！"上星期的课教授也没提。学生再次挣扎于更高难度的技巧挑战。

第三周，更难的乐谱出现了。两样的情形持续着，学生每次在课堂上都被一份新的乐谱所困扰，然后把它带回去练习，接着再回到课堂上，重新面临两倍难度的乐谱，却怎么样都追不上进度，一点也没有因为上周练习而有驾轻就熟的感觉，学生感到越来越不安、沮丧和气馁。教授走进练习室，学生再也忍不住了。他必须向钢琴大师提出这三个月来何以不断折磨自己的质疑。

教授没开口，他抽出最早的那份乐谱，交给了学生。"弹奏吧！"他以坚定的目光望着学生。

不可思议的事情发生了，连学生自己都惊讶万分，他居然可以将这首曲子弹奏得如此美妙、如此精湛！教授又让学生试了第二堂课的乐谱，学生依然呈现出超高水准的表现……演奏结束后，学生怔怔地望着老师，说不出话来。

"如果，我任由你表现最擅长的部分，可能你还在练习最早的那部分乐谱，就不会有现在这样的程度……"钢琴大师缓缓地说。

英美科研人员曾做过两个关于生命力的实验。实验结果说明，只要是在生命极限的范围内，只要生命积极勇敢地面对压力，就能用压力激发潜能，就能将压力变成动力，就能创造出令人震惊的奇迹。

我们先来看美国麻省理工学院用一个南瓜做的实验：实验人员用很多铁圈将一个小南瓜整个箍住，以观察当南瓜逐渐长大时，对这个铁箍产生的压力有多大。起初他们估计，南瓜最大能够承受大约500磅的压力。在实验的第一个月，这个南瓜承受了500磅的压力；实验到第二个月时，南瓜承受了1500磅的压力；当南瓜承受到2000磅的压力时，研究人员为了防止南瓜将铁圈撑开，不得不对铁圈进行了加固；当南瓜承受到了5000磅的压力时，瓜皮出现破裂，实验到此结束。实验人员打开了南瓜，发现它已经无法再食用，因为它的中间长满了坚韧的层层纤维，试图突破包围它的铁圈。为了吸收充分的养分，以达到突破铁圈的目的，它的根部竟然延展了几万英寸。

后来，英国科学家又用多个南瓜做了实验：实验人员在很多同时生长的小南瓜上面加了不同的重量。其中对一个南瓜加的重量循序渐进不断变化，从几克到几十克、几百克、几千克，直到压上了几百千克的重量，达到了它所能承受的极限。当南瓜成熟的时候，实验人员决定把所有的南瓜都切开，看看它们究竟有什么不同。随着手起刀落，一个个南瓜都被轻而易举地打开了。只有承受重量最大的南瓜，不仅把刀弹开了，而且把斧子也弹开了。最后，这个南瓜是用电锯吱吱嘎嘎锯开的。实验人员研究认为，这个南瓜的果肉强度已经相当于一株成年的树干！

既然南瓜能创造出令人震惊的奇迹，那么人也一定能创造出更加令人震惊的奇迹。我们应该感谢压力，因为有许多生命的奇迹都是压力创造的。我们要学会与压力共存，并养成利用压力激发潜能的良好习惯。

魔力悄悄话

压力是与成功过程相伴的一个因素。有无能力抵抗来自环境、他人及自己内在的心理、生理压力，是一个人能否成功的关键因素之一。

将愿望之流注入活水

每一个人都有自己独特的禀性和天赋，每一个人都有自己独特的实现人生价值的切入点。一旦生活驱使一个人的心中萌发了一个新的想法或愿望，那么它就会在自然的力量和憧憬的力量召唤下慢慢成为现实。

上述情景就好比是从山顶滚落的石块，从滚落的瞬间起，就不需要额外的动力和帮助，自然而然地滚到山脚。

很久以前，曾经有三只小鸟，它们一起出生，一起长大，等到羽翼丰满的时候，一起寻找成家立业的地方。

它们飞过了很多高山、河流和丛林，飞到一座小山上。一只小鸟落到一棵树上说："这里真好，真高。你们看，那成群的鸡鸭牛羊，甚至大名鼎鼎的千里马都在羡慕地向我仰望呢。能够生活在这里，我们应该满足了。"它决定在这里停留，不再往前飞了。

另外两只小鸟却失望地摇了摇头说："你既然满足，就留在这里吧，我们还想到更高的地方去看看。"

这两只小鸟继续飞行，它们的翅膀变得更强壮了，终于飞到了五彩斑斓的云彩里。其中一只陶醉了，情不自禁地引吭高歌起来，它沾沾自喜地说："我不想再飞了，这辈子能飞上云端，便是最大的成就了，你不觉得已经十分了不起了吗？"

另一只鸟很难过地说："不，我坚信一定还有更高的境界。遗憾的是，现在我只能独自去追求了。"

说完，它振翅翱翔，向着云霄，向着太阳，执着地飞去……

最终，落在树上的小鸟成了麻雀，留在云端地成了大雁，飞向太阳的成了雄鹰。

麻雀、大雁和雄鹰,它们的命运为什么不同呢? 一个很明确的答案就是:它们各自的愿望不同。麻雀满足于树梢,所以它的世界只有几丈之高;大雁满足于云层,所以它永远都飞不出层层云雾的缠绕;雄鹰则不懈追求,力求最高,所以它的世界扩展到了宇宙。三只小鸟对于生命图景有着不同的欲求,所以最终的命运也有所差别。现在,扪心自问一下:"三只鸟的命运,我属于哪一只鸟呢? 我又期待什么样的生命图景呢?"

从本质上来说,人类的生命是一股思想的能量。生活在现实世界中的你,不断萌生新的憧憬,帮助你达成所愿。

因此,我们要做的是,比别人的愿望多一些,努力付出的多一些,以便吸引来更多的东西,进而推动生命之轮不断前行。

魔力悄悄话

你的每一个愿望,无论大小,都能为生命之流注入活水,而你只需要顺流而下,按照自己的禀赋发展自己,不断地超越心灵的羁绊,向着更高的愿望进发,那么你就不会忽略自己生命中的太阳,而湮没在别人的光辉中。

改变自己　拥有憧憬

托尔斯泰说："世界上有两种人：一种是观望者，一种是行动者。大多数人都想改变这个世界，但没有想改变自己。"

事实上，每一个人都是构成"环境"的元素。谁都明白，一个人将收音机调到调频 87.5，是不可能收到调频为 110.7 广播电台的节目的。同理，如果你在试图改变自己际遇的过程中，一天到晚都在抱怨或改变你周围的世界，却从未曾想到改变自己，以便与周围的环境协调一致的话，那么，你又怎么去奢望吸引来你所欲求的环境呢？

很久很久以前，人类都还赤着双脚走路。

有一位国王到某个偏远的乡间旅行，因为路面崎岖不平，有很多碎石头，刺得他的脚又痛又麻。

回到王宫后，他下了一道命令，要将国内的所有道路都铺上一层牛皮。他认为这样做，不只是为自己，还可造福他的人民，让大家走路时不再受刺痛之苦。

然而，即使杀尽国内所有的牛，也筹措不到足够的皮革，而所花费的金钱、动用的人力，更不知多少。

虽然根本做不到，甚至想法还相当愚蠢，但因为是国王的命令，大家也只能摇头叹息。

一位聪明的仆人大胆向国王说："国王啊！为什么您要劳师动众、牺牲那么多头牛、花费那么多金钱呢？您何不只用两小片牛皮包住您的脚呢？"国王听了很惊讶，但也当下领悟，于是立刻收回成命，采取了这个建议。据说，这就是"皮鞋"的由来。

憧憬力——病树前头万木春

想改变你周围的世界,很难;要改变自己,则较为容易。与其改变你周围的世界,不如先改变自己——"将自己的双脚包起来"。改变自己的某些想法和做法,以抵御外来的侵袭。当自己改变后,眼中的世界自然也就跟着改变了。

如果你希望看到世界朝着自己所欲求的方向改变。那么第一个必须改变的就是自己。"心若改变,态度就会改变;态度改变,习惯就改变;习惯改变,人生就会改变。"

影星高仓健本不是演员,当演员是他并不如意的职业,可他最后还是成为国际影星。

那时他为了生计不得不走进演艺界当上了演员,无时无刻不想着有朝一日逃离这个不利于自己发展的环境。

正是因为他的这种想法,不仅仅让他赚不到钱,而且还面临着"下岗"的危机。

为了生计,朋友告诉他努力去适应这个环境,要想让环境因你而改变是不可能的。后来,他试着改变自己,让自己的一切都融入整个演艺界这个大环境中去,最后,他就像一尾适应了大海环境的鱼,演艺界由他自由地畅游。

我们每个人都是自己机遇的制造者。

改变自己对人生的影响是非常巨大的。当你在无法改变环境的情况下,应该及时改变自己。

有一天,狂风刮断了一棵大树。大树看见弱小的芦苇却没受一点损伤,就问芦苇,为什么这么粗壮的我都被风刮断了,而这么纤细的你却什么事也没有呢?芦苇回答说:"我知道自己软弱无力,就低下头给风让路,避免了狂风的冲击;而你却凭着自己强硬有力,拼命抵抗,结果被狂风刮断了。"

　　由此可见，改变自己，首先需要认清自己，认清环境，提醒自己无论何时都要清楚地知道，危机是无时不在、无处不在的。

　　我们之所以要改变，是因为在某种程度上我们已经不能适应这个变化的世界。

魔力悄悄话

　　改变不是没有原则的改变，不能因为改变而放弃原则；不能因为改变而因小失大，丢了梦想；更不能因为改变而丧失了理智，影响人生。我们的改变是为了更有效地积蓄力量，以便机遇到来时，能够全力冲刺。

让思考与憧憬相得益彰

"思考永远是行动的先锋。在行动之前一定要先深思熟虑，做个合理的安排，切不可鲁莽行事。"当巴菲特的儿子霍华德成为一名共和党人的时候，股神巴菲特如此告诫他。

事实上，我们每一个人都应该以此为警示。思考力就是执行力。一个不善于思考的人，执行力一定欠缺，完成任务的成效一定低下，执行水准也不尽如人意。相反，一个懂得思考，并善于思考的人，其行动力将大大增加，任何困难都不能阻挡其前行，他们不会轻言放弃，而会竭尽全力去克服困难，排除障碍。

卓治是一家大型日化集团分公司的总经理，他的目标是使公司成为该行业最优秀的一分子。实现这个目标不仅要有优异的产品，还必须以比竞争对手更有效率的方式，把产品送达到零售商那里。他雄心勃勃地构想建立一个一体化的全球配销系统，缩减原先一半的时间，将产品快速运抵顾客手上，同时，大幅度降低在途损耗及重新发货的成本。

不过，卓治要想把这个计划付诸实施，必须得到母公司产品配销部经理爱玛的支持才行。所以，卓治精心准备了一份项目建议书，介绍他的配销新构想，以及该构想为公司创造的价值。然而，爱玛看过报告后，并未支持卓治的计划，而是持反对的态度。

虽然卓治的建议遭到了拒绝，但他并没有气馁。他想到一种可行性方案，就是先在一个区域市场测试新系统，这么做他所冒的风险较小，还能得到当地一些零售商的支持，从中还能发现问题，获取一些有益的经验。卓治将这一想法与爱玛沟通，希望这次能得到她的认同。卓治告诉爱玛：为什么他对这个计划颇具信心，如何通过新系统与客户融为一体，建立一种新型的伙伴关系，如何以较低的风险来测试其可行性……

让卓治非常意外的是，听完他的陈述，这位顽固执拗的配销部经理不但没有向上次一样否决他的提案，而且还热心地与其探讨测试方案。爱玛诚恳地说："上星期你来见我时，你只是试图说服我，现在，你乐意测试你的构想。尽管我认为它仍有许多不妥帖的地方，但我看得出来你是认真思考过的。因此，试试看，或许我们可以从中获得一些有益的尝试。"就这样，卓治没有因爱玛的反对而轻易放弃计划，而是用积极的思考和行动来影响和改变爱玛的看法，争取她的支持。他很清楚，与其费尽口舌说服别人，让别人相信你、支持你、认同你，不如你拿出实际行动，做给人们看，让存在于自己脑中的设想能够真正落实。

卓治的创新性配销系统，经过市场检验完全可行，而且优势显著，不仅极大地减少了运输成本，还使公司与零售商之间建立了良好的伙伴关系，并提高了整个供应链系统的运营效率，对企业竞争力的提升也大有帮助。

毋庸置疑，卓治是一个将思考与行动、设想与实施完美结合的真正的执行者。他通过思考找到了解决问题的途径，又用行动证明自己的设想是正确而合理的。可见，只有思考与行动紧密结合，相得益彰，才能达到完美效果。一个人到达成功彼岸，需要停止抱怨，抛开所有的借口，用行动创造梦想中的生活。但是，在这样做之前，还需要花费一点时间进行思考，设计一下生活。在没有设定明确的人生目标和具体实施方案之前，在没有理性地权衡利弊之前，千万不可盲目地采取行动。否则，等待你的极有可能是死路一条。

以色列情报机构首脑摩迪沙的高级间谍伊莱·科恩秘密地打入了叙利亚的情报机构，担任了顾问要职，能够获取叙利亚的许多军事机密。

有一次，科恩获悉老牌纳粹分子费朗茨·拉德马赫尔匿藏在叙利亚。由于在战时，纳粹德国丧心病狂地灭绝犹太民族，因此，战后由犹太民族为主体的以色列以追捕逃脱的纳粹分子为己任，而且取得了很大的成果。费

憧憬力——病树前头万木春

朗茨是个残害600万犹太人的刽子手,是个久捕不获的漏网分子,如果抓获这个纳粹分子,将能大大振奋以色列国民的精神和官兵的士气。

科恩立即将这个情报发给摩迪沙,建议由他就近将这个纳粹刽子手除掉。这个建议确实有着巨大的憧憬力,但是摩迪沙却下令给科恩:"切勿行动,请放弃这个目标!"其中原因只有摩迪沙自己清楚,因为除掉了费朗茨,势必要暴露科恩的身份,而当时,中东形势非常紧张,科恩的主要任务是搜集叙利亚的军事情报。费朗茨虽然罪恶滔天,但现在对以色列已经构不成任何威胁,而叙利亚正准备和以色列进行战争。两者相比,摩迪沙当然宁可牺牲一个次要目标,而要抓住一个主要目标。科恩接到了总部的指令,心有不甘,所以再次请示:"让我给那个纳粹分子寄一枚炸弹去,恐吓他一下。"摩迪沙仍旧指示:"切勿行动,请放弃这个目标!"

科恩终于明白了总部的意图,专心致志地搜集叙利亚的备战情报,他发现在戈兰高地,叙军正在修筑强大的工事,就把这个情报发给了总部。

不久,第三次中东战争爆发了,以色列根据科恩提供的情报很快攻占了戈兰高地,从而使以色列在第三次中东战争中大获全胜。当然。科恩从此在叙利亚也无法存身了,不过,这还是非常值得的。

这启示我们,无论做任何事情,在行动之前,一定要经过缜密的思考。盲目行动或者跟风行动,往往难有好的收获,相反却会给自己带来一些致命性的打击。

魔力悄悄话

在行动之前,先思考一下吧!千万别小看这样的思考,多数的成功人士,他们从来不会盲目行事,没有周密的计划,没有合理的安排,他们不会仅凭一时的热情去做任何事情。因为这样做的结果,对他们来说结果是很明了的,那就是失败。

让精神成为你的人生导航仪

在这个世界上，相当多的人其实对行动的力量是心知肚明的。因此，他们采取了很多的行动，想当然地认为如此一来便可以如愿以偿、心想事成。然而，让很多人失望的是，大量的行动除了让他们倍感劳累和艰辛之外，并没有给他们的现实生活带来什么改观。于是，不少人沉溺于迷茫、困惑和挫败的情绪中不可自拔。

明智而轻松的方法是，清楚"思想的力量"，让正确的思想引导出有灵感的行动。

那么，正确的思想是什么样的呢？所谓"正确的思想"，就是能让心想事成、梦想成真的思想；表现在你的情绪上，就是让你感觉良好和舒服的思想。换句话说，当你在想到什么人或事情的时候，你的感觉是轻松的、愉悦的、有力量的、充满着爱的、欣赏的、喜悦的、充满朝气和热情的、充满着自信和希望的，或者是它们其中的一种或几种都行。

思想是因，行动和物质表现是果。什么样的思想决定什么样的行动，思想的高度和质量决定行动的效果和满意度。这就是人们常说的"境由心生""思考致富""种瓜得瓜，种豆得豆"的道理。

如果你想获得好的结果与现实，那就从重视思想开始吧！而思想的质量又取决于你关注你喜欢和想要的东西还是聚焦在你厌恶的或反感的东西。你越是想好人好事，你生活中就会出现越多的好人好事，这就是憧憬的作用。

行动非常重要！有意识的思想指导的行动更是重中之重。也就是说，让你感觉好的思想所引导出的灵感行动才是最有效的行动！

憧憬力——病树前头万木春

　　曾经读到过这样一个故事。故事说的是几年前,一位老汉从工厂下岗了。下岗工资很少,生活的压力使得老汉开始打算卖报挣钱。几经挑选,他发现35路车总站人流量大、车次多,于是选定在35路车总站卖报。车站一共3个卖报人,卖的是同样的报纸。老汉冥思苦想,有了! 另外两个卖报的都是各有一个小摊点,在车站的左右两边。老汉决定,不摆摊,带报纸到等车的人群中和车厢里叫卖。

　　一段时间下来,老汉还总结了一些门道:等车的人中一般中青年男性喜欢买报纸,上车的人中一般有座位的人喜欢买报纸并喜欢一边吃早点一边看,有重大新闻时报纸卖得特别多。于是,老汉又有了新创意。每天叫卖报纸时,不再叫唤"快报""晨报"之类。而是换了种叫法,根据新闻来叫价值点。什么"伏明霞嫁给53岁的梁锦松""王菲为什么要嫁给李亚鹏""一个女检察长的堕落""'超级女声'为中国移动赚了多少钱"等。

　　结果表明,这一招非常奏效! 之前许多没打算买的人都纷纷买报纸。几天下来,老汉发现,每天卖的报纸居然比平时多了一半! 但老汉发现,这样的做法对男士很管用,但对女士或有钱人不怎么管用,他细细观察,发现有的女士与有钱人会带自己的杂志或书来看。

　　于是,他就有意识地给女士与有钱人推销杂志:给女士推荐服装美容杂志、给有钱人推销《中国企业家》《销售与市场》之类的管理杂志。结果十分奏效,一下子利润就大增,一本杂志的利润等于好几十份报纸呢!

　　老汉的这一做法,被一个房地产公司的老总注意到了。他也是老汉的顾客,和老汉熟悉之后,这位老总给了他一个生意:在一些高档杂志与经济类报纸中夹送他们的售房广告,那个老板每个月给他1000元(几乎相当于他卖报的全月收入)。有了这一经验,老汉还会根据杂志的销售状况做一些优惠,比如说买一本《读者》送一份《早报》等等,因为杂志赚得比较多。另外,老汉还为一些慢慢熟悉起来的顾客提供订报服务,并买了一部手机,给经常买报的顾客送名片,承诺可以特别提供预留报纸或杂志的服务。

　　老汉坚持这种做法大约半年,车站的一家报摊由于生意不太好就不卖了,于是老汉就接下这个地方支起了自己的报摊。但老汉又有不同:他加入了政府统一制作的报亭系统,于是他的报亭又气派又美观。老汉的女儿周末在肯德基打工，经常带回来一些优惠券。于是，这又成了老汉促销的独特武器！买报纸杂志一份，赠送肯德基优惠券一份。慢慢地，很多人就只到他这儿买报纸杂志了。

老汉这个报亭良好的地理位置和巨大的销量，很快就被可口可乐公司发现了，他们安排业务人员上门，在老汉的报亭里张贴可口可乐的宣传画，安放了小冰箱。于是，老汉的报亭不仅变得更漂亮更醒目，还能收一些宣传费，而且增加了卖饮料的收入。就这样一直做了两年，老汉的卖报生意有声有色。每月的收入都不低于4000元。现在，老汉又有了新的目标，他打算收购边上的报亭，再开几个报亭，把女儿将来读研的钱也挣到手！

根据实际存在的情况积极调整思想，做出进一步的改进，是迈向致富与成功之路的基石。无论做什么事情，让我们从思想启程吧！学会调整你的思想，让精神成为你的人生导航仪，你就开始了自由和自主的生命创造过程！这个创造过程将有助你提升生活质量，开启奇迹之门。

魔力悄悄话

的确，行动会产生效果，然而，我们必须明白，并不是什么样的效果都是你想要的。有些行动产生的效果让人喜笑颜开，有些行动产生的效果让人愁云惨淡。你或许看到过或者听见过这样的话："只要不断地尝试，总会找到办法的。"如果你喜欢用这种"试错法"，并且自我感觉良好的话，何尝不是一种方法，不过却是一种"笨"方法。

人要学会"释怀"

"释怀"是得不到的时候,一种最无奈最壮烈的心情。

我们都知道,世间太多事情,并不是通过努力就可以得到,有些事,你越努力反而会离你越远。

人的一生中有太多的无奈和烦恼,有太多的伤感和惆怅,有多少往事不堪回首?有多少记忆如过眼烟云?也许,亲情、友情、恋情都将伴随心累的历程,也许,所谓的傲骨与傲气,都得付出心累的代价!许许多多的过往堆积在记忆的深处,一天一天,心里装得越来越多,心的负荷也就越来越重。有太多的分分秒秒、太多的点点滴滴,汇成心语,凝成回忆;也有太多的选择、太多的无奈,但这无数个太多的背后,你只能让心去承受,让心去感悟……

生命本是一场漂泊的漫旅,走过的每一个地方,遇到的每一个人,也许都将成为驿站,成为过客。

总是喜欢追忆,喜欢回顾,喜欢眷恋。却发现,曾经以为念念不忘的事情,就在我们念念不忘的过程中,已慢慢淡忘……对于曾经的驿站,只能剪辑,不能驻足,对于曾经的过客,只能感激,不能苛求。

人之所以会心累,就是常常徘徊在坚持和放弃之间。生活中总会有一些值得回忆的心情往事,更有一些必须面对的难舍难分。放弃与坚持,该如何取舍?勇于放弃是一种大气,敢于坚持何尝不是一种勇气,孰是孰非,谁能说的清道的明呢?

人之所以会烦恼,就是没有学会遗忘。一切的一切都深藏于心灵深处,"记住该记住的,忘记该忘记的,改变能改变的,接受不能改变的。"又有几人能如此洒脱!

人之所以会痛苦，就是追求的太多。明知道有些理想永远无法实现，有些问题永远没有答案，有些故事永远没有结局，有些人永远只是熟悉的陌生人，可还是在苦苦地追求着，等待着，幻想着。

人之所以不快乐，就是计较的太多。不是我们拥有的太少，而是我们计较的太多。世界上没有完美无缺的东西，缺憾有时也是一种美，一种凄婉、永恒的美……

面对着诸多的诱惑，有多少人能把握好自己，又有多少人不会因此而迷失自己？

当你成家立业后，蓦然回首，那人却在灯火阑珊处。很多时候，我们走错了路却不能回头，选择了事业却发现并非所爱。生在富贵里想去体会穷人的满足，生在贫困中却不知道富人的烦恼。我们经常做梦，却总是难以醒来；经常幻想却总是难以实现。经常的抱怨却总是不去努力；经常的策划却总是不能付诸实践。不喜欢读书，却不得不为了文凭奔波；不善于言谈却必须去推销自己……

人生，其实就是这样，无奈但又必须去接受。有时总想让自己活得潇洒快乐一些，却对身边的人或事物无法割舍！人生总有太多的无奈和遗憾，夕阳易逝，岁月消退，容颜不在，花开花落。无可奈何花落去，花落几许，无奈相随。

岁月蹉跎，时光荏苒，人的一生中，奔波与劳碌如影相随，痛苦与寂寞挥之不去！再好的东西都有失去的一天，再深的记忆也有淡忘的一天，再爱的人，也有远走的一天，再美的梦也有惊醒的一天，该放弃的决不挽留，该珍惜的决不放手。

如果，不幸福，如果，不快乐，那就放手吧；如果，舍不得、放不下，那就痛苦吧。成长的痕迹给了我们很多的感悟与启迪，别让自己的心太累。

心累了，在宁静的夜晚，沏一杯清茶，放一曲淡淡的音乐，将自己融化在袅袅的清香和悠扬的音乐中……体味那份温情和感动。

心累了，静静地躺在草坪上，晒晒太阳，吹吹清风。让阳光晒去满身的疲惫，拂去昨日的阴影，风干眼角的泪水……让风儿吹去满腹的痛楚，吹去心中的寂寞，吹去淡淡的忧愁……

心累了,可以打上背包去远游,让自己在旖旎的景色中沉醉,远离尘世的喧嚣。

心累了,还可以独自一人大哭一场,让泪水冲去心中的积怨和烦恼……

太多的忧郁会让人很累,那么何不卸下,轻松走一程!

太多的情感会让人很痛,那么何不放手,浪漫只片刻!

太多的眼泪会让人很苦,那么何不擦干,微笑着祝你安好!

喜欢的歌,静静地听,喜欢的人,远远地看!

魔力悄悄话

人生的路上开满爱的花朵,总有一朵是为你开放。看看身边还有那么多爱自己的人,淡淡一笑,甘甜醇美!善待自己!我的朋友,无须伤心,让生命在"释怀"中走过,走过悲伤苦闷,迎来属于自己的那片蔚蓝晴空!